公众参与社会环境影响评价和流域水污染控制
——理论与实践

张龙江 张永春 等 / 编著

中国环境出版社 · 北京

图书在版编目（CIP）数据

公众参与社会环境影响评价和流域水污染控制：理论与实践 / 张龙江等编著 . -- 北京 : 中国环境出版社，2013.8

ISBN 978-7-5111-1254-5

Ⅰ.①公… Ⅱ.①张… Ⅲ.①流域－水污染－污染控制－研究 Ⅳ.① X52

中国版本图书馆 CIP 数据核字 (2013) 第 006219 号

出 版 人　　王新程
策划编辑　　丁莞歆
责任编辑　　黄　颖
责任校对　　唐丽虹
装帧设计　　刘丹妮　宋　瑞

出版发行　　中国环境出版社
　　　　　　（100062　北京市东城区广渠门内大街 16 号）
　　　　　　网　　　址：http://www.cesp.com.cn
　　　　　　电子邮箱：bjgl@cesp.com.cn
　　　　　　联系电话：010-67112765（编辑管理部）
　　　　　　　　　　　010-67112417（科技标准图书出版中心）
　　　　　　发行热线：010-67125803，010-67113405（传真）
印　　刷　　北京市联华印刷厂
经　　销　　各地新华书店
版　　次　　2013 年 8 月第一版
印　　次　　2013 年 8 月第一次印刷
开　　本　　787×1092　1/16
印　　张　　10.5
字　　数　　194 千字
定　　价　　31.00 元

《公众参与社会环境影响评价和流域水污染控制——理论与实践》

编委会

主　　编：张龙江　　张永春

编委成员：Joe Remenyi　　钱　新　　刘永功　　陈　梅

蔡金傍　　巫丽俊　　王伟民　　金红华

前　言

　　"中澳环境发展项目"是由澳大利亚和中国政府共同开发，致力于提供环境战略指导、实现流域综合管理，促进中澳环境管理对话和水环境管理技术交流的为期五年的合作项目。"公众参与社会环境影响评价和流域水污染控制"（PPSB）子项目是中澳生态与环境发展项目之一，该子项目旨在借鉴澳大利亚在公众参与社会环境影响评价和流域水污染控制方面的经验和实践，为提高我国公众的环境保护意识，促进公众参与在环境影响评价和流域水污染控制中发挥应有的作用，作出更大的贡献。

　　《公众参与社会环境影响评价和流域水污染控制——理论与实践》是 PPSB 项目的重要成果之一，本书是为参与中国—澳大利亚环境发展伙伴项目的各级环境管理人员和相关人员编写的培训参考教材，旨在通过 PPSB 的培训，增强和学习公众参与社会环境影响评价及流域水污染控制管理等方面的途径、程序、方法，从而提高环境管理人员及普通群众参与社会环境影响评价及流域水污染控制的能力。

　　本书全面、系统地论述了公众参与社会环境影响评价和流域水污染控制的理论和实践，包括公众参与基本概念、公众参与社会环境影响评价和流域水污染控制的重要性、国内外公众参与的制度、公众参与的途径和方法、促进公众参与的组织和机构，以及公众参与的实践。本书共分 7 章，第 1 章：公众参与的基础理论，内容包括公众参与的基本概念、公众参与社会环境影响评价、公众参与流域水污染控制；第 2 章：公众参与社会环境影响评价和流域水污染控制的重要性分析，内容包括公众参与社会环境影响评价和流域水污染控制的必要性分析、公众参与的作用分析；第 3 章：国内外公众参与社会环境影响评价和流域水污染控制的制度，主要介绍了国外的一些先进做法，包括美国、澳大利亚、日本、法国、俄罗斯，然后介绍公众参与在中国的发展，包括进展、面临的问题和发展前景；第 4 章：公众参与的途径和方法，内容包括公众问卷调查、采访和访谈、听证会、座谈会和论证会、专家咨询等；第 5 章：公众参与的程序，从全过程来介绍公众参与；第 6 章：促进公众参与的机构及能力建设，内容包括：促进公众参与的机构及其职能、能力建设策略、环保意识宣传等；第 7 章：公众参与的实践，主要介绍了不同层次的公众参与。

　　本书可作为环境管理人员、科研人员及相关人员开展公众参与培训的参考教材，也可用作大型投资项目社会影响评估和环境影响评估的公众参与实际操作指南。

编　者

2012 年 2 月

目 录

第1章 公众参与的基础理论

公众参与近年来不断出现在政治学、法学、经济学、环境学领域，引起了社会极大的关注，也在政治上得到了认同，党的十六大提出："健全民主制度，丰富民主形式，扩大公民有序的政治参与"，并对推进参与式的民主决策提出了具体意见："各级决策机关都要完善重大决策的规则和程序，建立社情民意反映制度，建立与群众利益密切相关的重大事项社会公示制度和社会听证制度等。"公众参与权的制度化研究，对一个国家有着十分重大的意义。继党的十六大之后，党的十七大又一次将"有序参与"的理念作为我国现阶段公民政治参与和社会参与的时代性要求被着重提出，得到了更加广泛的关注。

1.1 公众参与的概念

参与式管理模式最早出现于企业管理中，之后才渐渐引入环境管理领域和其他领域。从社会学的角度看，参与是指相关的利益群体就资源利用、资源分配、发展成果的分享、社会福利的建立和运作机制进行博弈和谈判的过程，同时也是公共政策实施和公共投资过程及效果的监督过程，可以避免出现实施政策或项目的政府机构权力滥用和寻租行为。

1991年2月，联合国在芬兰缔结的《跨国界背景下环境影响评价公约》中首次在国际环境法中对"公众"提出界定："公众是指一个或一个以上的自然人或法人"，随后，各国在环境立法中也广泛使用"公众"的概念。公众，指政府为之服务的主体群众，不仅包括个体的公民，还包括民间组织团体、营利性组织、专业服务性组织等非政府组织。所谓公众参与就是指上述群体为维护自身权益和促进社会公益，通过各种合法途径与方式表达意见、利益诉求、影响公共活动以及公共决策的社会政治行为。参与的核心是在"决策"和"行动"过程中的参与，特别是在资源配置、利益分配、政策制定、发展目标确定、行动方案计划、管理模式确定等过程中的参与。公众参与强调的是群众的权利与政府对此权利的保护，群众有权参与关系自己切身利益的公共事务，有权对公共事务过问、咨询、提意见。

环境保护是社会公共事务，而公众参与环境保护，是指在环境保护领域里，公民以及公共或私人组织为维护自身权益、促进社会公益，通过各种途径与方式表达意见、利益诉求、参与环境决策和管理的社会政治行为。合理有序的公众参与是环境保护的重要力量，有助于促进环境保护及降低成本，可以有效地动员多方力量，形成全社会参与环境保护的合力，促进环保工作的有效进行。目前，政府、公众、产业界三种社会力量三足鼎立的局面正在逐步形成，应该让三种环境保护的社会力量形成良性互动，开展多方合作以追求共赢。

就环境公共政策的制定而言，公众参与体现在问题的识别、公共政策的制定或修订、公共政策的实施过程的监督、效果的评估全过程；就有可能造成社会和环境影响的项目来说，公共参与包括项目的识别、项目设计和规划、项目实施、项目实施中的监测评价和监督、项目完成及运转期的维护和长远管理等；就流域污染治理项目而言，其范围非常广泛，涉及流域内的不同利益群体，既包括政府机构，如环保局、水利局、林业局、发改委、财政局等，也包括流域内的水资源、土地资源和其他自然资源的使用者，同时还包括在流域内的所有社区和所有居民、民间环保组织，公众可以参与点源污染控制和面源污染控制，可以监督企业的环境行为，还可以通过改善自身行为来控制面源污染，如控制农药化肥的使用、在水体养殖中适当使用饵料等。

表 1-1 传统模式与参与模式的比较

比较内容	传统模式	参与模式
交互模式	- 冲突	- 合作
参与的流程	- 议程和决策制定以后	- 议程和决策制定之前
公共管理过程	- 静态、不透明、封闭	- 动态、透明、公开
参与主体	- 外来的技术人员政府官员	- 社区内的权益人基层的技术人员和管理人员
公众的地位	- 不平等参与，被动接受	- 主动、平等参与
操作途径	- "自上而下"对基层的问题和公众的需求了解不够，导致政策实施中的扭曲和阻力	- "自下而上"与"自上而下"的有机结合从公众发展需求出发制定相关政策和项目
方法	- 行政命令方式，长官意志方法单一，口头讲授为主缺乏系统的方法	-PRA，直观，可视方法灵活多样 - 工具的可选择性
沟通模式	- 单向，官员、专家为主居高临下 - 间接、不透明	- 双向互动相互学习过程的透明
对目标群体的态度和基本评价	- 歧视 - 素质低，保守 - 公众没有决策能力，外来者必须代替他们选择和决策；	- 尊重公众是理性的、他们有自身的价值观、掌握乡土知识 - 有决策能力，但需要参与和赋权

比较内容	传统模式	参与模式
决策	– 通过管理者决策，在决策过程中可能有市民磋商	– 决策过程有公众磋商，每个人享有平等的机会参与磋商并影响决策
公众需要的技能	– 无	– 参与能力、环境信息、环境知识
决策时间	– 表面上很快，实际上需要根据公众的反馈增加纠错时间	– 表面上长时间多人决策，但由于公众参与整个过程省去了纠错的时间，比传统模式时间更短
优缺点	– 优点：操作速度快，省事、省时 – 缺点：规划内容不能完全反映农户和社区的需求；农户参与不够，没有主人翁意识	– 优点：目标群体的参与，瞄准需求，主人翁意识 – 缺点：如不能掌握方法，使用中费时，容易走形式

资料来源：Cheryl Simrell King，et al. The question of participation： toward authentic Public Participation in Public administration. Public administration review，1998，58（4）：321.

1.2 公众参与社会和环境影响评价

社会影响评价是评估和预测开发项目对社会环境可能产生的影响，社会影响包括人口变化、就业问题、经济保障和对家庭生活的影响等。社会影响评价的目的是使人类社会环境在生态、社会文化、经济各方面可持续发展，并且促进社区的发展、能力建构和社会资本培育，社会影响评价体现了环境效益、经济效益和社会效益三方面的统一。

Frank Vanclay[①] 认为社会影响评价主要包含以下内容：参与规划干预中的环境设计；确定受影响的人群；促进并协调利益相关者的参与；记录并分析规划干预的地方历史背景，以便能解读对干预行为的回应并评估其累积性效果；收集基准数据， 以便对规划干预行为进行评价和审计；展现地方丰富的文化背景， 理解地方社区的价值观念特别考察其与规划干预如何产生关联；确定并描述哪些可能产生影响的行为；预测分析可能的影响以及不同利益相关者会如何回应；帮助评价并选择替代性方案不开发也是选择方案之一；帮助进行基地选址；推荐负面影响的缓解措施；帮助有关赔偿的评估并提出建议给予财政补助或其他措施；描述利益相关者之间的潜在冲突并提出解决方案；帮助社区的能力建构和技能开发；提出面向所有团体的合作的制度安排帮助设计并实施项目监督和项目管理。

公众参与是社会影响评价的一个重要部分，合理的公众参与可以给评价过程输入全面的信息，有助于发掘社会影响的主导因素和相应的对策研究。目前，公众参与已经得到国际社会的广泛的认可，原因主要有：第一，社会影响评价的社会学研究范式决定了公众参与及权利分治的应用地位；第二，社会影响评价是在具体规划及项目实施的背景

---

① Frank V. International principles for social impact assessment [J]. Impact Assessment and Project Appraisal，2003，21(1)：5-12.

下研究人居环境及技术应用发展影响，而公众可以提供更多的信息和数据；第三，通过公众参与，社会影响评价可以作为实施方及市民社会之间的信息媒介，及时将一方的信息反馈至另一方，提高信息的透明度。

一般工业和商业项目建设可能会对项目周边环境造成污染，包括大气、水、声、固废、土壤的污染，这些污染可能发生在整个项目建设和投产运转的阶段，任何一个环节的参与和监督缺失，都有可能产生环境污染公共事件。环境影响评价简称环评，是指对规划和建设项目实施后可能造成的环境影响进行分析、预测和评估，提出预防或者减轻不良环境影响的对策和措施，进行跟踪监测的方法与制度。

环境影响评价制度最早是由美国的柯德威尔教授提出的。美国的《国家环境政策法》（1969）在世界上率先规定了该项制度，我国 1979 年颁布的《环境保护法（试行）》借鉴国外的做法，开始在立法上对这一制度做了规定。1998 年 11 月 18 日，国务院审议通过了《建设项目环境保护管理条例》，该条例是我国对建设项目实施环境影响评价制度的基本法律依据。2002 年 10 月 28 日颁布的《环境影响评价法》进一步对环境影响评价制度做出规定，该法明确了对公众和专家参与规划和建设项目环境影响评价的范围、程序、方式和公众意见的法律地位，使公众的意见成为环境影响报告书不可缺少的组成部分，确定了公众在环境保护中的地位。原国家环保总局发布的《环境影响评价公众参与暂行办法》（2006）是继 2002 年环评法后的又一显著进步，它不仅明确了公众参与环评的权利，而且规定了公众参与环评的具体范围、程序、方式和期限，如明确公众参与的具体形式有调查公众意见、咨询专家意见、座谈会、论证会和听证会，并对公众的环境知情权做出了相当具体的规定，规定应向公众公开有关环境影响评价的信息，特别是要公告对环境可能造成影响的概述、对策和措施的要点，环评结论要点，公众查阅环评报告文件简版的方式和场所等。这些细化规定，对于切实保障公众参与有着重要作用。

政府机构的制度性监督及项目周边公众的参与和监督，构成了建设项目环境影响评价和监督的两个主要监督途径。公众的监督是最直接的监督途径之一，因为单靠政府机构、环境影响评价机构的监督是不够的。实践表明，间接的利益群体（包括政府和技术人员）是不能完全代表项目区周边社区居民的感受的，"越俎代庖"制定出的降低环境污染影响的对策，不能完全代表受影响群体的利益诉求，因而也不能有效地避免由此而引起的社会冲突。因此，必须在工业建设项目的整个建设周期和生产运转周期中，建立系统、动态、全方位的公众参与和公众监督机制。

公众参与社会环境影响评价的过程具有"双向性"、"受益性"、"特殊性"、"多样性"以及"早期性"等特点。其中，"双向性"是指环境和社会影响评价公众参与是一个双向交流的过程，即在做出决策之前给公众提供客观信息，并以正式的程序开展公众参与，这样公众才得以有机会就决策发表意见和利益诉求,当公众参与之后,决策部门就公众参与的情况进行反馈。因此,简言之,双向性包括公众向管理部门信息传播过程和管理部门向公众的决策反馈过程。"受益性"指在公共决策过程中,如果有公众参与,大多数都会从公众参与过程中受益,公众可以给决策提供更为丰富的信息。"特殊性"与"广泛性"相反,即对于不同的公共决策项目参与到其中的相关方通常会有所不同。"多样性"主要指公众参与途径多样化,包括座谈会、调查走访、听证会、信访等多种参与途径,而且在公众参与过程中可以选择同时使用多种参与技术。"早期性",即公众参与的介入时间越早,最终达成一致意见的可能性越大。

1.3 公众参与流域水污染控制

流域是一种重要的自然环境单元,也是一种重要的社会经济发展单元。流域问题不仅包括水质、水量的问题,还包括多种利益团体之间的矛盾和冲突,因为流域往往分属于多个不同级别的行政单元管辖,因此可以说流域问题更具多样性和复杂性。

流域水污染控制是环境保护的一个重要方面,流域水污染控制中的公众参与的范围比较宽泛。具体来说,流域水污染控制中的公众参与是指政府与公众之间通过合法、公开、公平的程序和渠道,就流域水污染控制中一切与环境有关的决策管理活动进行协商、协调,使流域水污染控制符合公众利益。

流域水污染的原因主要有两个方面:一是人类社会在水域上的活动,包括水产养殖、围湖造田等;二是人类在周边陆域上的活动,包括点源和面源污染,企业生产排放的工业废水、农田过量使用农药和化肥等。在面源污染控制方面,农村面源污染具有位置、途径、负荷不确定,随机性大、范围广、防治难度大等特点。大多学者和专家提出了很多治理面源污染的意见,比如推进可持续种植业,开发适合农村及农田污染物控制的生态技术,在重点流域(如"三江三湖")结合"十一五"规划的"资源良性循环的生态新农村"建设进行小流域面源污染的综合治理,还有采用生态沟渠、生态湿地、生态隔离带,在农村居住区建立集中式和分散式农村生活污水处理系统等。这些政策固然很好,但是广大公众如果不主动参与到面源污染控制中来,其实施效果将大打折扣。

公众具有广泛性,是面源污染控制的基层力量,而且面源污染与公众的行为密切相关,公众的良好的环保意识和行为对农村面源污染控制起着至关重要的作用。在水资源使用方面,公众在日常生活中注意节约用水。在流域面源污染控制方面,公众从自身行为着手,在生产生活中注重减少污染,或者将产生的污染进行一定程度的处理后再排放,将有效减少污染源。

　　总之，公众参与流域水污染控制的范围十分广泛，公众本身也可以在流域环境改善方面作出十分明显的贡献。

第2章 公众参与社会环境影响评价和流域水污染控制的重要性分析

2.1 公众参与的必要性分析

2.1.1 环境污染形势严峻

当前，我国工业化、城镇化进程加速，经济总量仍保持高速增长，能源资源消耗逐步增加，但我国环境容量有限的基本国情没有变，目前的污染排放总量已经远远超出有限的环境容量。从全国来看，虽然局部环境有所改善，但总体恶化的趋势依然没有得到根本遏制。

目前我国污染形势依然十分严峻，根据环保部公布的《2010年中国环境状况公报》，全国地表水污染依然较重。长江、黄河、珠江、松花江、淮河、海河和辽河等七大水系受到不同程度的污染。204条河流的409个国控断面中，Ⅳ～Ⅴ类和劣Ⅴ类水质的断面比例分别为23.7%和16.4%。黄河、辽河为中度污染，海河为重度污染。湖泊（水库）富营养化问题依然突出，在监测营养状态的26个湖泊（水库）中，富营养化状态的湖泊（水库）占42.3%。部分城市大气污染严重，灰霾天气增加，酸雨污染严重，全国开展酸雨监测的494个城市（县）中，出现酸雨的城市有249个，占50.4%，酸雨程度严重或较重（降水年均pH值小于5.0）的城市有107个，占21.6%。

此外，当前农村环境问题日益显现，农业源污染物排放总量较大，总体形势十分严峻，突出表现为畜禽养殖污染物排放量巨大，农业面源污染形势严峻，农村生活污染局部增加，农村工矿污染凸显，城市污染向农村转移有加速趋势，农村生态退化尚未得到有效遏制。

而且近几年来，经济快速发展中的环境污染事件频发，给公众的生活和健康带来了巨大的危害。2005年11月吉林石化分公司双苯厂爆炸造成松花江严重污染，2005年12月广东省北江韶关段出现镉超标近10倍，2009年2月江苏省盐城市标新化工有限公司偷排酚类化合物，致城西水源遭到严重污染。这些环境污染事件都是触目惊心的。

阅读资料

1. 2004 年四川沱江"3·02"特大水污染事故

2004 年 2 月，由于川化股份公司在对其日产 1 000t 合成氨及氨加工装置进行增产技术改造时，违规在未报经省环保局试生产批复的情况下，擅自于 2004 年 2 月 11 日至 3 月 3 日对该技改工程投料试生产。在试生产过程中，发生故障致使含大量氨氮的工艺冷凝液（氨氮含量在每升 1 000mg 以上）外排出厂流入沱江，导致沱江流域严重污染内江、资阳等沿江。污染影响地区近百万群众饮水中断达 26 天，鱼类大量死亡，大批企业被迫停产，直接经济损失约 3 亿元。沱江生态环境遭受严重破坏，据专家估计，需要 5 年时间才能恢复事故前水平。

2. 2005 年广东北江镉污染事故

北江是珠江三大支流之一，也是广东各市的重要饮用水源。2005 年 12 月 15 日北江韶关段出现严重镉污染，高桥断面检测到镉浓度超标 12 倍多。经调查发现，此次北江韶关段镉污染事故，是由韶关冶炼厂在设备检修期间超标排放含镉废水所致，是一次由企业违法超标排污导致的严重环境污染事故。

3. 2005 年重庆綦河水污染

因取水点被污染导致水厂停止供水，重庆綦江古南街道桥河片区近 3 万居民，从 2005 年 1 月 3 日起连续两天没有自来水喝，綦江齿轮厂也因此暂停生产。经卫生和环保部门勘测，河水是被綦河上游重庆华强化肥有限公司排除的废水所污染。綦江县有关部门立即在綦河水域的桥河段上游和下游开闸放水，加速稀释受污染水体，并责成华强化肥有限公司硫酸厂停止生产并整改。

4. 2005 年松花江重大水污染事件

2005 年 11 月 13 日，中石油吉林石化公司双苯厂苯胺车间发生爆炸事故。事故产生的约 100t 苯、苯胺和硝基苯等有机污染物流入松花江，导致松花江发生重大水污染事件。哈尔滨市政府随即决定，于 11 月 23 日零时起关闭松花江哈尔滨段取水口停止向市区供水，哈尔滨市的各大超市无一例外地出现了抢购饮用水的场面。

5. 2006 年湖南岳阳砷污染事件

2006 年 9 月 8 日，湖南省岳阳县城饮用水源地新墙河发生水污染事件，砷超标 10 倍左右，8 万居民的饮用水安全受到威胁和影响。最终经核查发现，污染发生的原因为河流上游 3 家化工厂的工业污水日常性排放，致使大量高浓度含砷废水流入新墙河。

6. 2007 年太湖蓝藻暴发事件

2007 年 5 月 29 日开始，江苏省无锡市城区的大批市民家中自来水水质突然发生变化，并伴有难闻的气味，无法正常饮用。无锡市民饮用水水源来自太湖，造成这次水质突然变化的原因是：入夏以来，无锡市区域内的太湖水位出现 50 年以来最低值，再加上天气连续高温少雨，太湖水富营养化较重，从而引发了太湖蓝藻的提前暴发，影响了自来水水源水质。无锡市民纷纷抢购超市内的纯净水，街头零售的桶装纯净水也出现了较大的价格波动。

7. 2007 年江苏沭阳水污染

2007 年 7 月 2 日下午 3 时，江苏省沭阳县地面水厂监测发现，短时间、大流量的污水侵入到位于淮沭河的自来水厂取水口，城区生活供水水源遭到严重污染，水流出现明显异味。经过水质检测，取水口的水氨氮含量为每升 28mg 左右，远远超出国家取水口水质标准。由于水质经处理后仍不能达到饮用水标准，城区供水系统被迫关闭，城区 20 万人口吃水、用水受到不同程度影响。

8. 2009 年江苏盐城水污染事件

2009 年 2 月，江苏省盐城市由于城西水厂原水受酚类化合物污染，盐都区、亭湖区、新区、开发区等部分地区发生断水，居民生活、工业生产受不同程度影响。初步查明，是由当地一家化工企业排污造成的。据介绍，这家化工厂平时把污水排在一条小沟里，这条小沟有个小水坝，前天该厂将这个水坝打开，恰逢盐城昨天下大雨，污水就流到了盐城市的水源地蟒蛇河，最终导致了全城居民用水受到污染。经初步化验，受到污染的居民用水含有苯类物质。

9. 2010 年紫金矿业污染事件

2010 年 7 月 3 日，福建紫金矿业紫金山铜矿湿法厂因连续降雨造成厂区溶液池区底部黏土层掏空，污水池防渗膜多处开裂，发生铜酸水渗漏事故，9 100m^3 的酸性废水（主要含铜、硫酸根离子）顺着排洪涵洞流入汀江，导致汀江部分河段污染及大量网箱养鱼死亡。事故造成汀江部分水域严重污染。此次污染事件，对当地生态环境、居民的健康来说，都是一场不容忽视的灾难。

严峻的污染形势已经制约了我国国民经济和社会的发展，随着环境污染的加重与环境事故的密集发生，环保已经成为最受瞩目的公共事务之一，仅仅依靠传统的政府单方面治理环境的模式远远不能应对人类面临的环境问题的挑战，而必须调动和吸纳广泛的公众的力量参与治理解决环境问题。

而当前随着中国公民对环境质量的需求和要求提高，公众环境意识觉醒，开始对清洁的水、空气、土壤提出更高的要求，公众对维护自身环境权益意识也开始提升。因此公众更为积极关注环境问题、参与环境保护工作，共同应对严峻的环境形势。

2.1.2 矛盾冲突加剧

随着社会分化的加剧，环境问题的性质也在发生变化。目前，在特定的环境问题中，往往存在受益者和受害者，环境问题也越来越明显地表现为一部分人的污染引起另一部分人权益受到损害的问题。

当前，我国工业持续高速发展，与此同时对环境的污染也在加剧，对周围的公众造成了一定的影响。受到潜在的负面环境和社会影响的公众，没有有效的与投资者进行对等的谈判和磋商渠道，他们的权益和诉求得不到很好的保证和回应。因此，当项目设计、实施和建成后运行阶段发生环境问题时，可能引发社会冲突，导致受到影响的利益群体用非理性的方式抵制建设项目的开工实施，甚至导致群体事件。

在流域管理方面，流域水污染控制不仅关系到水量水质的情况，更关系到其多种用途以及多重利益的协调与均衡。目前流域水污染控制主要采取政府管理体制，采取自上而下的管理方式，多出现国家和地方条块分割，流域中各行政区各自为政的状态，流域管理与行政区域管理之间的职责分工与事权划分还不明确，且存在各种不同的利益团体之间复杂的利益冲突，如个人利益与整体利益、流域上下游利益冲突等。水环境纠纷和矛盾的增加也使得水污染控制的难度增大，2005 年 6 月 27 日，浙江省嘉兴市新塍镇发生水污染事件，3 万人的饮用水厂被迫停止供水，初步估计损失在 2 000 万元以上，通过江浙两省环保部门的共同调查认为，江苏省吴江县恒祥酒精有限公司是造成此次污染事故的重点怀疑对象，此次污染事件仅是江浙两省边界长达 10 余年的水污染纠纷中的又一次摩擦。《水污染防治法》中规定的三类水污染纠纷：跨行政区域的水污染纠纷、水污染损害赔偿纠纷、水污染事故纠纷，多是通过行政机关处理、司法机关解决、当事人自行谈判、协商。

即使是大型环保公益项目，包括太湖流域污染综合治理项目，实施过程中，为切断点源污染和面源污染，需要采取必要的治理措施，包括迁出或关闭污染企业、禁止网箱养鱼、禁止以家庭为单位的畜牧养殖等，这些限制措施都会直接影响相关利益群体的基本生计来源，不采取参与、磋商的方式，强制性实施关停措施，必然会激化社会矛盾。

种种矛盾与冲突的发生必须采取有效的方式来解决，降低矛盾冲突。而有些矛盾与冲突不是技术问题而是社会管理的问题，因此必须创新社会管理和环境管理的模式。

公众参与是解决环境问题和环境纠纷的有效手段之一，是构建社会主义和谐社会、管理社会矛盾的需要。公众和利益相关者的参与可形成一种多重利益团体民主协商机制，来自不同利益团体的代表平等对话、参与协商，就污染物排放、污染治理责任等达成协议，从而可以有效地调和矛盾，促进社会公平。

2.1.3 政府力量有限

当前我国的环境管理模式采取政府主导型，是一种自上而下的管理模式，这种政府主导型环境保护存在一定的缺陷，主要体现在：

（1）政府主导型环境保护自身存在局限性。传统的自上而下的管理模式是一种单向的管理社会公共事务的方式，单靠政府管理很难实现环境保护目标，因为政府在财力和专业环境保护人才队伍有限的情况下很难独自解决所有的环境问题，政府主导型环境保护遭遇挑战。

（2）政府主导型环境保护的成本高。我国幅员辽阔、人口众多，而且随着经济持续高速发展以及环境问题日益凸显，环境冲突增多、环境污染形势严峻、污染情况复杂、环境治理难度增高，政府单独承担环境保护的成本也急剧增高。

（3）随着国际化进程的加速，政府主导型环境保护在与国际接轨方面面临越来越多的困难，因为当前的形势下，国际社会的环境保护越来越重视公众的环境保护力量。

鉴于此，政府主导型环境管理模式遭遇挑战，政府应当重新定位在环境保护中的地位和作用，创新环境治理的方式，政府的职能将进一步规范和收缩。目前政府自身也逐渐认识到公众参与对环境保护具有十分积极的作用，并开始了很多创新性的尝试。此外，公众参与环境保护的意愿和能力也在逐步增高，越来越多的公众要参与到社会和环境影响评价以及流域水污染控制方面。因此，应该进一步创造并扩大公众参与的机会，让公众逐渐成为推动和促进环境可持续发展中不可或缺的重要力量，并在社会环境影响评价和流域水污染控制中发挥十分重要的作用。

2.2 公众参与的作用分析

就社会公众的利益和需要而言，公众作为良好环境的享受者和环境污染、生态破坏的直接承受者，对环境状况最关心、最有体会，参与环保的热情也最高。

公众参与能有效弥补政府失灵和市场失灵，改变社会力量在环境保护中功能缺位和主体缺位的双重窘境，通过政府力量、市场力量和公众力量在环境保护中的均衡和协同作用，实现环境保护的管制手段、经济手段和社会手段的相互补充和促进，从而实现全社会环境利益的最大化。目前，政府、公众、产业界三种社会力量三足鼎立的局面正在逐步形成，应该让三种环境保护的社会力量形成良性互动，开展多方合作以追求共赢。①

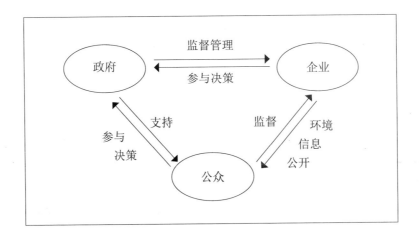

图 2-1　政府、企业、公众制约关系

① 潘岳 . 环境保护与公众参与 [J]. 理论前沿，2004（6）：12-13.

2.2.1 发挥监督作用

目前高耗能、高污染、资源依赖型产业增长快，污染治理科技含量不高，加之污染源众多，而环保监管执法部门的监管力度有限，企业的违法成本低，这是导致环境恶化的重要原因。包括澳大利亚在内的许多发达国家的环境管理实践案例表明，政府部门和民众共同携手的环境监督，是杜绝点源和非点源污染的有效途径。

政府机构的制度性监督和项目周边社区民众的参与和监督，都是工业建设项目环境影响评价和监督的重要监督途径。在污染源如此众多的情况下，单依靠政府机构的监督是不够的，在人力、物力、财力方面都无法满足需求，往往势单力薄，而公众能够形成更加广泛的监督力量，就能多出许多"警惕的眼睛"，能够发挥十分积极的作用，有利于环境执法工作的开展。

环境利益、健康利益、财产利益等与公众利益紧密相关，公众是环境的最大利益相关者，即使从自身利益出发，公众能高效监督企业和相关部门是否履行各自的环保义务，公众是非常能够胜任污染防治的监督角色的。媒体、环境保护民间组织、普通公众能形成广泛的监督网络，对违法行为进行检举和控告，可以有效弥补行政监管力量不足，最近发生的湖南血铅事件、盐城水污染事件等正是由于媒体的追踪和公众参与监督，才使问题得到迅速解决。近年来实行了举报有奖制度，群众可通过"12369"环保投诉热线举报工业企业违法排污行为，经查实将给予举报人一定的经济奖励，充分发挥了公众的监督力量，也让公众有了参与的动力。此外，太湖流域的常州市环保局实施了聘用市民担任市河监督员制度，来充分调动基层群众参与环境监督的积极性，弥补环境监察力量的不足，每位河道监督员都有明确的排污口数量分工，每天对管辖的河道进行水质督察，发现可疑情况及时报告环保执法部门人员前往处置；2009 年起无锡市开展聘请青年担任河道义务监督员制度，受聘青年充分利用业余时间，开展河道义务监督巡查活动，配合水利、环保部门对河道水质变化情况、河道沿线居民、企事业单位日常排污情况、河道日常保洁情况等进行定期监督，成为水利、环保部门与居民、企业之间沟通的桥梁；嘉兴市的市民环保检查团监督企业和政府的行为，市民代表参加污染企业的"摘帽"听证会和部分建设项目审批会，公众不仅在治理污染企业方面发力，也能阻止重大污染项目的落址；2012 年 2 月，辽宁省大连市西岗社区环保义务监督站近日挂牌成立，137 位环保义务监督员上岗，协助对本社区内排污企业的环境违法行为进行检查和监督。这些尝试已初步提高了公众参与的积极性，充分体现了公众参与流域水污染控制的效力。

另外，当公众关注企业的环保形象，开始做出绿色的消费选择，就会对企业做出积极的导向，促使企业自主节能减排。随着绿色消费的广泛兴起，企业也逐渐把环境保护作为发展的目标，不断改进设计、使用清洁的能源和原料、采用先进的工艺技术和设备、改善管理、综合利用资源，从源头削减污染，提高资源利用率，减少或者避免生产、服务和产品使用过程中污染物的产生和排放，大力发展清洁生产。2009 年以来，北京、武汉等一些省市的环保部门和企业开展了"公众开放日"类似活动，让市民进入厂区内了解生产活动，建立了与公众平等沟通的平台。这些也说明公众能够成为促使企业减排的因素之一。

2.2.2　调和多重利益团体之间的矛盾

公众和利益相关者的参与可形成一种多重利益团体民主协商机制，来自不同利益团体的代表平等对话、参与协商，就污染物排放、污染治理责任等达成协议，从而可以有效地调和矛盾，促进社会公平。

目前一些地区已经开展了一些公众参与调和利益冲突的实践。例如在江苏省的一些地区开展了社区污染报告会，就是通过组织该社区内的公众、污染者和政府主管部门等利益相关者参与协商，来促进污染者改善环境行为、提高环境主管部门的管理能力、推进公众在环境事务上的参与水平。另外，在太湖流域的一些城市也已经开展了社区环境圆桌会议的实践，社区环境圆桌会议制度就是以圆桌对话为形式，多方代表参加，以解决社区环境问题为目的的协商沟通机制。据悉，在无锡，社区环境圆桌会议制度在滨湖区实施一年来，全区通过此途径解决的环境难事有 20 多起，环境信访同比下降了 28.4%，发挥了良好的社会效应。

2.2.3　提升公众的环保意识，改善自身行为

公众的良好的环保意识和有利于环境保护的行为对于污染控制起着至关重要的作用。有效的公众参与不仅可以让公众捍卫自身权利，还可以让公众意识到自身在环境污染控制方面的地位和作用、认识到污染会严重影响和破坏自身的合法利益，这对提升环保意识、改善公众自身环保行为有极大的激励作用。

很多环境与发展项目的经验表明，系统地采用公共参与的机制和方法，能够有效地提高公众的参与意识和参与能力，继而可以进一步提高公众参与的效果。例如在流域面源污染控制方面，个人环境意识的提高，有助于个人从大局出发，改善自身的环境行为，对流域水污染控制产生积极的作用。公众通过参与活动可以了解水污染形势、环保法律法规、水环境保护知识等，提高参与水污染防治的自觉性，在日常生活中注意自身的环境行为。

在面源污染控制方面，农村面源污染具有位置、途径、负荷不确定，随机性大、范围广、防治难度大等特点。公众具有广泛性，是面源污染控制的基层力量，而且面源污染与公众的行为密切相关，公众的良好的环保意识和有利于环境保护的行为对农村面源污染控

制起着至关重要的作用。农村地区一些居民也积极参与对乡村、农田、果园等现有排水沟渠塘及河道支浜等进行工程化改造，清除沟渠塘垃圾、淤泥、杂草，岸边种植垂柳、草被植物，侧面和底部搭配种植各类氮磷吸附能力强的半旱生植物和水生植物，实现对沟壁、水体和沟底中逸出养分的立体式吸收和拦截，能够改善流域水环境质量。

2.2.4　有利于实现决策的科学性

环境保护与公民的切身利益相关，并以保护公民的生存环境为目标，公众参与环境保护是民主的体现，其价值在于促进国家的环境行政民主化，平衡公众和其他社会群体之间的环境利益，有效弥补政府失灵和市场失灵对环境造成的不利影响，更好地实现社会正义和行政民主，满足公民最基本的环境需求。

广泛的公众参与，是政府与公众之间的双向交流活动，一方面可以让决策者比较全面、真实地了解情况，做到科学、合理决策，从而避免决策的盲目性，降低决策风险，因为公众可以向决策部门提供有用的信息、帮助识别问题，使决策者能够充分掌握全面的信息，避免出现决策失误或造成利益冲突。另一方面可以让公众充分表达自己的利益诉求，体现民主性，体现公众利益诉求的决策容易为公众所接受。此外，公众参与环境决策过程能够让公众充分了解决策内容，掌握正在面对的环境问题，在决策执行的时候能够大力支持。

流域水污染控制措施的制定需要统筹考虑多方面因素，不仅包括流域的整体利益，也包括流域上下游公众的利益，政府单方决策容易出现决策失误。在制定流域水污染控制规划、解决重大水污染问题、环境纠纷的过程中，通过召开听证会、问卷调查等形式，广泛征求、听取普通公众和专家的意见和建议，可以了解不同利益群体的意见，使各团体的利益在决策中得到考虑和保障，从而有效克服行政主管部门单独决策的失误。目前公众参与比较多的是流域规划环境影响评价，公众有权查阅流域规划环评的简本，并发表自己的建议和意见，使得决策者在规划中能够考虑公众的利益和意见。2005年12月，原国家环保总局发布了"淮河太湖水污染防治问计于百姓活动"的公众意见调查，公众认为地方保护主义，水污染防治监管力量不足减缓了治污工作的进程，公众的意见和建议为水环境污染防治政策的完善、为区域流域水环境治理提供有力的支持。此外，在决策中听取公众的意见和建议，使决策能够获得广泛公众的支持，有利于决策的执行，降低执行成本。增加公众的信任，从而使有公众参与过程的决策容易得到公众的支持，推行起来较容易。

建设项目环境影响评价进行过程中引进公众参与，对项目研发建设部门或决策者而言，有利于集思广益，剖析项目存在或可能存在的问题及其危害程度，及早发现问题，弄清问题的深度与广度、并能掌握当地的要害点，及早寻求解决办法，避免在已经做出决策后才发觉问题，陷入进退两难的境地，提高决策的质量。

2.2.5 其他间接作用

公众参与的过程是推动社会民主化的过程，是公民实现相关权利的过程。在民主政治条件下，公众参与可以唤醒公民的权利意识和民主意识，培养公众的合作精神，提高参与技巧，积累参与经验，发展参与的能力，对于公众积极参与到行政管理中具有很大的推动作用。公众参与的水平也是衡量社会民主进程和政治文明发育水平的重要指标，公众在法制规则下的参与行为是政治文明中的公民责任建设的体现。虽然公民的权利得到了宪法和其他法律的支持，但这些权利需要自己的积极参与才能得到最充分的实现。

此外，公众参与社会环境影响评价和流域水污染控制对于建设环境友好型社会具有十分重要的作用。环境友好型社会是以环境资源承载力为基础、以自然规律为准则、以可持续社会经济文化政策为手段促进人与自然和谐相处的社会，其建设涉及政治、经济、文化、技术等多个方面，其中公众参与是世界各国普遍重视并积极采用的一个有效手段。当前，我国实现环境友好型社会建设的重要任务之一就是完善公众参与制度，扩大公众参与范围，拓宽公众参与的深度与广度。

第3章 国内外公众参与社会环境影响评价和流域水污染控制的制度

关于公众参与环境保护,国外的研究起步较早、研究相对比较成熟。20世纪30—60年代,西方国家普遍的价值观认为自然资源是无限的,可以支撑经济的快速增长,于是导致自然资源的大量攫取;20世纪60年代,工业革命带来的工业化进程加速导致环境恶化、生态破坏、自然资源短缺,威胁人类健康和社会经济的发展,这些负面影响对传统的环境管理方式提出了挑战,公众的环境意识开始觉醒。此外,随着民主化进程的加速,管理机构被迫采取公众参与的方式来取得政策的认可和支持,而且人们开始认识到自然资源的开采和保护应该使大多数公众受益,而非少数利益团体,价值观的改变使公众价值得到重视,促使公众参与理论进一步发展,公众参与由单一或较少的利益团体转向多利益团体参与,更加体现了民主性。

3.1 国外公众参与制度

3.1.1 国际条约

随着各国群众性的环境保护运动的兴起,公众对环境保护的参与已经进入国际化层面。公众参与具有丰富的内涵,在国际条约当中大规模地出现公众参与权利的文件。《世界人权宣言》《公民及政治权利国际公约》中均有关于公众获得环境信息的权利。1972年联合国召开的具有里程碑意义的第一次人类环境会议是公众参与环境保护的第一次高潮。会议通过的《人类环境宣言》第26条提出:"人类有权在能够过尊严和福利生活的环境中,享有自由、平等和良好生活条件的基本权利。"这标志着公民环境权已得到国际上的承认,成为公民必须享有的一项基本权利。

1992年6月在里约热内卢召开的环境与发展大会标志着国际社会将公众参与上升到战略的高度。联合国环境与发展会议通过的《关于环境与发展的里约宣言》强调了公众参与的重要性,承认在特定的条件下,"需要新的参与形式"和"需要个人、团体和组织参与环境影响评价过程并了解和参与相关的决策",《关于环境与发展的里约宣言》提出:"环境问题最好是在全体有关市民的参与下,在有关级别上加以处理。在国家一级,每一个人都应能适当地获得公共当局所持的关于环境的资料,包括关于在其社区内的危险物质和活动的资料,并应有机会参与各项决策进程。各国应通过广泛提供资料来便利及鼓励公众的认识和参与,应让人人都能有效地使用司法和行政程序,包括补偿和补救程序。"这是公众参与环境保护的权利首次在国际环境法律中得以确认。这次会议通过的《21世纪议程》还特别强调个人、团体和非政府组织参与影响他们社区的环境影响评价,也将公众广泛参与决策作为实现可持续发展的必不可少的要件,指出"实现可持续发展,基本的先决条件之一是公众的广泛参与决策"。《21世纪议程》还具体阐述了流域管理问题,开拓了社会和公众积极参加流域综合治理与开发的兴起。

1993年联合国环境规划署理事会通过的修改后的《蒙特维的亚方案》,为国际社会在当时和21世纪环境法的发展指明了方向,其中的第七个领域为"环境觉悟,教育信息和公众参与"。《世界自然宪章》第23条则指出了公众个人参与权的内容:"人人都应当有机会按照本国法律个别的或者集体的参加拟定与环境直接有关的决定"。1998年6月25日欧洲经济委员会通过的《在环境问题上获得信息、公众参与决策和诉诸法律的奥胡斯公约》(简称《奥胡斯公约》),则是公众参与环境保护方面最具代表性的法律文件之一。该公约确认公民既有权在适合其健康和福利的环境中生活,又有责任为当代和后代保护和改善环境,认为公民为了享受上述权利并履行上述义务,在环境问题上应当享有获得信息、参与决策和诉诸法律的权利,并做出了具体的规定。

2002年在南非约翰内斯堡召开的"可持续发展世界首脑会议"是继1992年里约大会之后在环境与发展领域一次人数最多、级别最高的联合国大会。《约翰内斯堡会议宣言》第26条承诺:"我们认为可持续发展需要长远的眼光和各个层面广泛地参与政策制定、决策和执行。作为社会伙伴我们将继续努力与各个主要群体形成稳定的伙伴关系,并尊重每个群体的独立性和重要作用"。这次会议把公众参与推向了一个更高的历史舞台。

在流域管理方面,世界银行在其水资源管理的政策研究报告中建议建立以流域为基本管理单位的集成的、统一的管理体制,随后以流域为单元进行水管理逐渐开展。进入21世纪,综合流域管理模式开始涌现,2002年全球可持续发展峰会达成的共识之一就是水管理需要将效益、公平和环境保护等目标一起综合集成考虑,其视点也从水资源扩展到与水系统紧密相连的社会经济系统,从制度、组织、经济和社会文化等角度增加了对策措施集,基本原则之一就是水资源开发和管理要基于广泛的公众参与,包括不同层面上的用水户、利益团体、规划、政策制定和管理者的参与。

3.1.2 美国

美国是最早将公众参与引入环境领域的国家，目前已通过了很多公众参与环境、能源和自然资源的保护问题有关的立法，公众充分享有决策权、环境信息知情权、监督权等多项参与权利。

美国在信息公开方面的立法和制度充分保障了公众参与的权利。在公众获得政府信息方面，《信息自由法》为公众提供获取政府信息的机会，根据这一法律，公众有权了解政府机构的活动情况，政府机构制定的政策、做出的决定、颁布的命令以及对某一问题形成的意见。对于政府机构应当公开而没有公开的信息，以及政府机构拒绝公众的请求而不公开的信息，公众有权向法院提起诉讼。美国在主要的环境立法中都规定了环境信息对公众公开的必循条款，而且通过专门的《应急计划和社区知情权法》以保障公民的知情权。通过这一信息公开制度，为公众参与环境保护奠定了基础。在信息公开的方式上，采用政府主动公开和民众申请公开两种形式。政府主动公开的信息，包括政府行政时涉及的政策、法规、文件和办事程序等政务信息，以及政府在行政执法中掌握的企业、个人的违规信息。政府机构必须按照规定利用政府公告、媒体，定期、及时、完整地公开此类信息。民众申请公开的信息，主要是在行政过程中收集、形成和获得的公共信息。这部分信息多而复杂，并不是所有民众都需要了解，仅对申请者公开，使用者有权利依法申请获得有关的政府信息。此外，美国还高度重视信息公开的程序保障，建立切实可行的救济制度。救济制度可以启动公众对行政机关信息公开的监督程序。美国的法律救济主要有行政救济和司法救济。当民众请求得到某项文件，而行政机关拒绝民众的请求，或者民众请求政府依法不公开符合豁免公开的个人信息或商业信息，而政府予以公开时，民众启动救济程序。

在公众参与环境保护方面，《国家环境政策法》（1969）是环境影响评价制度的开端，其对公众参与环境保护做了原则性的规定："国会认为，每个人都可以享受健康的环境，同时每个人也有责任参与环境改善与保护。"同时还规定美国联邦政府的所有机构的立法建议和其他重大联邦行动建议，在决策之前要进行环境影响评价，编制环境影响评价报告书，而且需要向公众公开，征求公众的意见。这在法律上明确提出了公众是环境保护的基本主体。1978 年，美国环境质量委员会制定的《国家环境政策实施程序的条例》又对公众参与的程序做了详细规定，包括参与阶段、参与范围、参与效果、参与人员以及参与的限制等。

具体来说，《国家环境政策法》和《国家环境政策实施程序的条例》详细规定了美国公众参与环境影响评价制度的内容：

《国家环境政策实施程序的条例》（以下简称《条例》）规定了两种阶段的公众参与：

一是范畴界定阶段的参与。范畴界定的目的在于尽早以公开的方式决定议题的范围以及认定与提议的行动相关的重要问题的过程。联邦主管机关一旦决定进行环境影响评价，在范畴界定之前就应在联邦公报上刊登通告，作为范畴界定过程的一部分，联邦主管机关应当邀请受影响的联邦、州和地方机构，受影响的印第安部落、提议行动的敌对者和其他相关利害关系人的参与，征询他们的意见。二是环境影响评价书定稿前的参与。《条例》重点对公众在环境影响评价书定稿前的参与进行了规定。定稿前的参与又分为两种：一种是在环境影响评价草案完成后和环境影响评价报告定稿前的参与；另一种是做出决策之前的对最终的环境影响评价报告的参与。在环境影响评价草案阶段，规定应征求具有法定职能或者具有专门知识的联邦机关的意见；征询被授权制定和实施环境标准的适当的国家和地方机构、印第安部落、任何接到对提议中的行动的环境影响评价报告的机关的意见；征询任何申请人的意见；征询公众意见和那些利害关系人或者组织的意见。对作出决定前的环境影响评价报告的参与，规定联邦机构应对外征询对最终的环境影响评价报告的意见，而且在任何情况下，其他机构或个人都可以在 90 天内对最终的环境影响评价报告主动表示意见。

《条例》规定，对环境影响评价的意见应有四个特征：第一，对环境影响评价报告书的意见应当尽可能地明确，并且可以认为环境影响评价报告是充分的，也可以举出自己所提可选择方案的优点；也可以两者均强调。第二，当表示意见的机关批评主办机关的先前的方法时，表示意见的机关应当描述可选择方案所提供的方法比先前方法的优越之处和原因。第三，协作机关应当在其意见中明确表示是否还需要额外的信息去履行其他合适的环境意见或咨询意见，如果需要，是什么样的信息。第四，当具有法定职能的协作机关基于拟议中的立法建议和行动对环境的影响而对立法或规划、行动提议表示反对或持保留意见时，该机关应明确提出如果需要对这些提议给予许可证、执照或者法律上有相同效力的证书时应采取的减缓措施。

《条例》中对公众参与意见的反馈有非常详细的规定[①]。即主办机关在准备最后的环境影响评价报告书时应考虑来自个人或集体的意见，并且采取以下一种或多种手段予以积极回应：第一，修正可选择方案，包括原方案；第二，制定和评估原先未加认真考虑的方案；第三，补充、改进和修正原先的分析；第四，作出事实资料上的修正；第五，解释所提意见因何不加采用。

《条例》还规定，所有对环境影响评价草案的意见（不论是否被采纳）都应附在最终的环境影响评价报告书中；如果所提意见对环境影响评价草案修改很小，那么联邦机关可以将它们写在勘误表中，或附在环境影响评价报告书中。

---

① 李艳芳．美国的环境影响评价公众参与制度 [J]．环境保护，2002（10）：33-34．

美国的环评制度具有以下特点：在参与评价的对象上，实际包括对重大决策的公众参与和对具体项目的公众参与；在参与评价的阶段上，美国公众参与环境影响评价的阶段是比较早，且贯穿于整个评价阶段，在范畴界定阶段公众就可以参与，在草案完成阶段和最终的环境影响评价报告书形成甚至最终的决定作出之前，公众均可以参与；在参与评价的人员上，包括享有法定职能、拥有专门知识的联邦机构，有权制定和实施环境标准的联邦和地方机构，印第安部落，申请人，敌对者，有利害关系的个人和组织等，具有很强的广泛性；在参与前提方面，规定了信息公开的内容，公开的内容包括联邦机构应尽早在联邦公报上登载通告，公开参与人员的意见应按美国《信息自由法》予以公布；在参与评价机构的义务方面，规定了参与评价的联邦机构负有积极履行评价的义务，并在法定期限内进行，如果对评价报告没有意见，也可表示无意见；对参与者表示意见的要求上，规定参与者所提意见是明确的，并提供材料证明自己意见的合理性；在对参与者意见的回馈方面，美国对参与者意见的回馈办法的规定十分详细，并规定了前述五种回馈意见的办法。

可见，美国对公众参与环境影响评价制度的规定并不是做表面文章，而是真正尊重公众的意见，再加上美国具有司法审查制度的保障，使得美国公众参与环境影响评价制度更加完备。

在《清洁水法》《清洁空气法》等主要环境立法有关条款中，规定了公民诉讼内容。美国环境法中的公民诉讼，是指公民可以依法对违法排污者或未履行法定义务的联邦环保局提起诉讼。公民的环境权在美国被视为一项强制性的环保措施，与政府的环境执法职能相对应而存在，在实施环境法过程中共同发挥着重要的检查作用。在公民诉讼中，原告承担相对较轻的举证责任，并通过返还诉讼费等具体措施，促使公民积极参与环境保护监督。为方便公民进行诉讼，在美国各单行环境法规还规定了较完备的相关条款，如《清洁水法》中规定了 60 天的诉讼通告期。

在流域管理机制方面，很多国家开始了创新型实践。从世界范围来看，流域管理体制建立的模式主要有流域管理局、流域协调委员会和综合流域机构三种管理模式。美国田纳西流域管理局（TVA）是流域管理局模式的典型代表，由国家通过立法赋予其统一规划、开发、利用和保护流域内各种自然资源的广泛权限。美国《联邦水污染控制法》确定了公众参与机制，该法开篇的《国家目标和政策宣言》中明确规定："各州及联邦环保局长应当明确规定、鼓励、资助公众参与联邦环保局或任何州政府依照本法建立的项目、计划、排污限制、标准、规定的制定、修改和执行。"该条明确了公众参与机制在水污染控制中的地位，明确了国家对公众参与水污染控制的积极态度，为公众参与奠定了法律基础。美国公众参与水污染控制的形式也是多种多样的，包括听证会、环境运动、诉讼等。

在立法程序以及水污染法规定的各项执行计划、项目中要求举行公众听证会。例如在涉及排污限制的标准中规定："联邦环保局在公布任何排污限制之前,应当公开环保局建议采取的限制标准并且在公开后的 90 天之内举行听证会。"再如,在水质标准及其执行计划中规定,"各州行政长官或州水污染控制机构应按时召开听证会,以便重新审查使用中的水质标准,并且在合适的情况下调整和采纳新标准。" 美国的环境运动更加制度化,环境运动在美国政治活动中常常具有举足轻重的作用。 美国水污染控制法中的公民诉讼包含两种模式:一种是对污染者的公民诉讼,是指公民、公众团体或其他非官方法律实体以自己的名义在法院对污染者提起的旨在迫使其遵守法律或追究其法律责任的诉讼;另一种是对行政机关的公民诉讼,是指公民、公众团体或其他法律实体以自己的名义在法院提起的旨在迫使行政机关依照环境法规为一定行为或不为一定行为的诉讼。

在美国,公众参与环境保护为决策者提供了多方面的环境信息,促进了环境法律的完善和有效环境管理制度的建立。

3.1.3 澳大利亚

澳大利亚实行联邦制,其环境管理分为联邦政府、州政府和地方政府三个层面,联邦政府和州政府之间主要采取协商和合作的方式来实现国家环境发展规划,州政府和地方政府之间则主要采取直接干预方式,各级政府都直接主导相应的环境保护工作的运行。

目前澳大利亚已经建立了比较完善的环境保护法律法规体系,在立法中已经充分考虑了公众的权利和义务,对公众的知情权、参与权和参与程序有了详细的规定,极大地促进了公众参与环境事务。

澳大利亚有一个特殊的政策咨询机构——澳大利亚生产力委员会,它是澳大利亚政府独一无二的机构,肩负着让公众参与公共决策的重任,其职能是:为做好政策决策提供建议,并向公众发布信息和进行调查。该委员会的特点是独立性和透明性:其独立性在于,该委员会只对国会负责,与其他政府机构不存在上下级关系;而透明性表现在,委员会的调查目的和背景、听证会等信息会通过媒体等渠道完全信息公布,各种讨论会公开举行。例如,该委员会受托政府就某项政策进行公开咨询后,要进行 9 ～ 12 个月期限的调查,并形成调查报告。在这期间,所有利益相关的个人、企业、团体和组织都能够把自己的观点反映到生产力委员会。参与途径有:提交书面意见,参加为该公开咨询举行的听证和讨论会。委员会根据公开咨询参与者中得到的消息,以及研究人员的专业研究来形成报告和政策建议。在最终报告完成之前,该委员会通常会公布一份报告草案,供公众审查和评论。最终报告一旦形成,会被提交给政府,并由国会公布。

在社会环境影响评价方面,以新南威尔士州为例,《环境规划和评价法》(1979)

中的法案的目标之一："提供更多的公众参与环境规划与评价的机会。"第四部分对独立的听证和陪审团做出了详细的规定，例如，第 23 条，委员会可以组成一个专家团来评估任何方面的发展规划方面的事务，该专家组可组织公众听证会来听取感兴趣的公众的意见，且必须提交一份报告给委员会，为了确保专家组顺利开展工作，由委员会安排其一切保障措施：设施、报酬等。该法的第 33 条和第 45 条分别对公众获取环境规划资料的途径进行了规定，部长和委员会必须畅通公众的知情渠道，必须公开环境规划的原因、主要目标、简要描述等，征求公众意见。在环境评价和公众磋商方面，第 75H 条规定，在环境局长同意该环境评价后，必须按照环境部长在政府公报上公布指导方针，让公众有权至少在 30 天内可以获得该环境评价书，在此期间，公众有权向局长提交有关该问题的书面意见，局长将意见反馈给环境评价提议者，并要求其给出相关意见的回答和优化的环境影响评价报告，并公布于众。然后，在审批环境评价过程中，第 79 条规定，审批机构必须首先公布环境评价的申请及其他信息，在不少于 30 天内，公众有权检查环境评价申请及其他相关信息并提交书面意见，并对于某些环评进行公众磋商。

继该法案之后，新南威尔士州对环境规划与评价法案进行了改革，以保证规划与评价系统更加有效、透明、严格，比如增加了新的管理审批机构，并完善了公众评议和上述体系，增加了公众参与环境决策的权利。2008 年的《环境规划与评价修正案》对公众参与有了更多更详细的规定，例如在社区磋商方面，第 57 条，在进行环境规划之前，相关规划部门必须按照规定开展社区磋商，公众有权获取相关规划信息，并向规划部门提交自己意见的书面说明，如果有人提交的意见具有重要意义并需要开展听证会的，规划部门必须开展听证会。以及 1997 年的《环境运营保护法》在环境信息公开和促进公众参与环境事务方面的相关规定都有所增加，便利了公众参与环境影响评价和流域水污染控制等方面的环境事务。

在水资源管理方面，为加强水资源管理，对水资源实行实时监控，各州还以立法的形式，强调水资源规划是水资源分配的依据，规划过程透明。在公众参与流域管理方面，联邦层面的法律主要是《水法》（2007）和《水法修正案》（2008），这两部法建立了一个综合管理流域水资源的机构——墨累 - 达令流域管理局，并规定了其职能和权利，墨累 - 达令流域包括澳大利亚最大的三条河：墨累河、达令河和马兰比季河。该法同时也对流域水资源管理、流域规划、水交易和水市场、水信息等做出了详细的规定。每一部分都有关于公众参与流域管理方面的内容，例如，在制定流域规划时，管理局必须首先在政府公报、报纸和管理局网站上公布流域规划的信息，并邀请公众就规划发表意见，期限是自发布日起的至少 16 周内；邀请函必须包括：公众如何获取拟议流域规划、意见提交地点和电子邮件地址、意见提交日期并说明所提交的意见将被公布在管理局网站上；

管理局必须考虑每一个意见，并据此对流域规划做出适当的更改，然后公布在磋商期间对规划所做出的改动和公众意见的总结以及最终版本。这一制定流域规划程序的规定，确保了普通公众可以参与政府决策的权利，体现了决策的科学民主性。此外，在水资源管理方面，把人的基本需要作为优先考虑对象，规定了人的需求水量的临界值，保障了人的基本权益，而且，还明文规定在制订、修正或者废止水交易、水市场的规则时都必须进行公众磋商，为公众表达自身看法、维护自身权益和参与决策提供了保证。

2009 年，为了促进墨累 - 达令流域的公众参与水环境管理，又出台了《水法修订草案》规定了公众参与水交易规则的制定，并促进有效的水交易和跨流域的水资源管理以及水的可持续利用，公众参与作为一种有效的、一致的方式来达到以上目标，公众的力量已经逐渐引入流域管理中，体现了公众的主体地位。

在管理机构方面，墨累 - 达令流域委员会通过咨询、教育、信息公开等综合项目支持社区与政府建立伙伴关系，鼓励公众参与流域决策的制定。而且其机构设置也充分体现了广泛的代表性，在墨累 - 达令流域委员会下设有社区咨询委员会，是流域管理中的咨询协调机构，其职能是直接向墨累 - 达令流域委员会提供社区公众对流域自然资源管理建议，并且向当地社区宣传环境信息和政策，并帮助公众理解它们，此外，它还对促进公众参与流域委员会的项目并让公众提供有效的政策建议起着十分重要的作用。此外，澳大利亚还实施土地关爱计划，让社区参与流域管理，提高公众对流域生态恢复的意识，这种做法很有效，普通大众和农民很乐意接受，也推动了经济社会可持续发展。

3.1.4　日本

1993 年的《环境基本法》是日本第一个充分考虑公众参与程序的法律。法案本身在制定过程中就有公众参与，如将法案的内容公之于众，以听取公众意见。日本《环境基本法》的一个重要特点就是重视民间环保团体在环境保护中的作用。《环境基本法》第 26 条规定："国家应当采取必要的措施促进企（事）业者、国民或由他们组织的民间团体自发开展绿化活动、再生资源的回收活动及其他有关环境保护的活动"。

以《环境基本法》为指导，日本单行环境法对公众参与作了具体的规定。日本《大气污染防治法》第 18 条第 21 款规定：企业者应在把握伴随其企业活动而向大气中排放或飞散有害物质的状况的同时，为控制该排放或飞散而采取必要的措施（企业者的责任）。该法第 18 条第 24 款规定，任何人都应努力控制伴随其日常生活而向大气中排放或飞散造成大气污染的物质。日本《水污染防治法》也有类似的规定。

日本在 1997 年正式颁布的《环境影响评价法》中对公众的知情权和参与权作了较为具体明确的规定，这主要体现在两个阶段：环境影响评价的范围报告的公布、公开复审和意见提交阶段；环境影响评价报告草案的公告、听证会及意见的提交阶段。在前一阶段，该法第7条规定："为了征求意见，从环境保护的角度出发，关于环境影响评价所需考虑的事项和所要采用的调查、预测和评价方法，根据总理府规定，项目提议者应当公布范围文件已经准备好的事实，可以在规范文件公布之日后的一个月内对范围文件进行公开复审。"第8条第1款规定："从环境保护的角度出发，如果有人对范围文件有意见，可以在从文件公布之日起到文件调查结束之日后两周的期间内向项目提议者提交其意见。"在后一阶段，该法第16条和第17条作了相关的规定。按照第16条的规定，项目提议者应当在向有关政府机构或长官提交相关材料后，对环境影响评估报告草案进行公告，并且自公告之日起，接受公众为期一个月的公开审查。而第17条对公开审查的程序作了规定，按其规定，在公开审查期间，项目提议者应当在相关地区进行听证会以便让公众知悉环境影响评价报告草案，对于听证会的时间和地点应该在举行的一周前予以公告，若确因法定事由的出现而导致无法举行听证会，项目提议者应尽力以其他的方式和途径让公众了解草案的内容；假若有人对草案有异议，可以在从草案公布之日起到公开审查结束之日后两周的时限内以文件的形式向项目提议者提交其意见。

《日本环境法》中一个非同一般的做法是"私人污染防治协议"，这种协议一般都是地方当局与排污方签订的，私人协议可规定较法律更严格的排放标准，还可以规定环境影响评价程序，地方当局（或市民）进行常规的检测和检查，甚至对污染行为实行严格责任制度。这种协议对配合公众压力去阻止工厂排污已在实践中发挥了令人信服的作用。另外，日本法律明文规定：污染造成的人身伤害，可以直接由政府负责补偿。

3.1.5　法国

法国1998年颁布了《环境法典》，公众参与的原则一直贯穿其中。该法第110条规定："从事对国家这些共同财富的妥善保护、开发利用、修缮恢复及良好管理必须在有关法律规定的范围内，遵照下列原则进行……"其中的第四个原则是参与原则，对于该原则，该法规定："根据第1项指出的参与原则，人人有权获取有关环境的各种信息，其中主要包括有关可能对环境造成危害的危险物质以及危险行为的信息。"该法还专门设立第二篇"信息与民众参与"，分为对治理规划的公众参与、环境影响评价的公众参与、有关对环境造成不利影响项目的公众调查和获取信息的其他渠道四章，具体细致地规定了公众参与环境保护的目的、范围、权利和程序。该篇所涵盖的公众参与原则包含增加透明度和有组织的咨询等内容。其中，关于公众调查的法律规则是实施增加透明度和有组织咨询原则的基础。关于公众调查的目的，该法第三章（有关对环境造成不利影响项目的公众调查）第123条规定："第121条指出的调查目的：一方面向群众发安民告示；

另一方面在从事影响评价之前，征求群众的意见、建议和反建议，以便使得职能部门更加全面地掌握必要的信息。"

法国在 1983 年制定了《关于环境保护和普及公众调查的法律》，其中规定"对环境可能造成影响的工程施工，在施工前必须进行公众调查，并允许环境保护团体对损害环境的行为向法院提起行政和民事诉讼"。

此外，法国作为在流域管理体制上世界上公认比较成功的国家之一，该国在《水法》中还明确规定："水政策的成功实施，要求各个层次的有关用户共同协商和积极参与"。

3.1.6　俄罗斯

俄罗斯《宪法》规定："每个人都有享有良好的环境、获得关于环境状况的信息的权利。都有因生态破坏导致其健康或财产受到损失而要求赔偿的权利。"为了保证这些权利的实现，俄罗斯《宪法》第 2 条和第 18 条还特别规定："人的权利和自由具有最高的价值。承认、维护和捍卫人与公民的权利和自由是国家的义务"，"人与公民的权利和自由在俄罗斯联邦直接有效，它们决定着法律的意图，内容和法律的适用。"

该国 2002 年实施的《俄罗斯联邦环境保护法》则把公众参与权的规定细分为两大类，一是联邦和联邦各主体的保障职责，二是公民的基本权利。

关于联邦和联邦各主体的保障职责，该法在第 5 条和第 6 条规定，俄罗斯联邦国家权力机关、联邦各主体国家权力机关在环境保护领域保证向居民提供可靠的环境保护信息；第 13 条规定国家机关和公职人员帮助公民、社会团体和其他非商业性团体实现环境保护权利的职责，规定可能损害环境的项目布局必须考虑居民的意见或公决的结果，并规定阻碍公民、社会团体和其他非商业性团体进行环境保护活动的，应依照规定承担责任；第 15 条规定编制俄罗斯联邦生态发展规划和俄罗斯联邦各主体环境保护专项规划时，应当考虑公民和社会团体的建议。

关于公民的基本环境权利，该法第 11 条规定"每个公民都有享受良好环境的权利，有保护环境免受经济活动和其他活动、自然的和生产性的非常情况引起的不良影响的权利，有获得可靠的环境状况信息和得到环境损害赔偿的权利"。之后，规定了公民成立社会团体、基金和其他非商业性组织的权利，居住地环境状况及其保护措施的信息请求权，举行会议、集会、示威、游行、纠察、征集请愿签名和公决权，提出社会生态鉴定建议权和参加权，协助国家机关进行环境保护的权利，申诉、申请和建议权，环境损害赔偿诉讼权及法律规定的其他权利。

此外，该法第 68 条还规定了公民、社会团体和其他非商业性团体的环境保护社会监督权，并将其目的定位为"实现每个人都有享受良好环境的权利和预防环境保护违法行为的发生"。

该国在环境管理中遵循"环境保护优先性"原则,在生态利益与其他社会利益相冲突时,常优先考虑生态利益。

3.1.7 国外公众参与制度的启示

在上述国家中,公众参与环境保护的途径和形式一般分为两种类型:一类是法定的或主要由政府提供的途径和形式。如政府发布国家环境资源状况公报,公开有关环境决策和管理的信息、程序;召开环境事务审议会、听证会;组织和鼓励环境科学技术方面的研究;推行生态标志、绿色产品;在环境影响评价中征求公众意见;在有关环境问题的政府管理机构、决策机构中给公众代表提供一定席位等。另一类是非法定的或主要由公众自己选择的途径和形式。主要是指公众自身的群众组织或环境保护的民间团体自主开展一系列参与环境保护的活动,如有关环境保护方面的宣传、教育、信息交流、科学技术研究、监督检举、起诉、咨询、调查研究等。

上述的公众参与环境保护的法律机制对我国的启示主要有如下五点:

（1）立法保障公众参与环境保护的权利

即以公民的实体环境权为前提和依据,将其细化为程序性环境权,如环境知情权、环境参与决策权和获得司法救济权等,以此作为实现公民实体环境权的有效途径。例如,美国在经过地球日活动和关于环境权问题的大讨论后,于1969年通过了体现公众参与原则的《美国国家环境政策法》。该法宣称每个人都应当享受健康的环境,同时每个人也有责任对维护和改善环境作出贡献;同时规定联邦政府的一切部门应将其制定的环境影响评价和意见书向公众公布,并向机关团体和个人提供关于对恢复、保持和改善环境质量有用的建议和情报。泰国《国家环境质量法》（1992年）第6章规定了一系列个人的权利和义务以鼓励公众参与保护和改善环境,其中就包括了知情权和要求国家赔偿由于政府行为造成损害的权利。

（2）公众参与环境决策的机制健全,参与范围广

通过参与环境影响评价等事物性活动,实现了公众决策参与。目前,多数发达国家都建立起了比较完善的公众参与环境影响评价活动的制度,对公众参与的内容作出了明晰的程序性规定。比如,在听证前,先向公众公开环境影响评价报告书、说明书等文件,保证公众对听证内容有全面的了解,并有充足的时间来准备意见;随后正式举行环境影响评价听证会或审议会,邀请公众参加会议,如实记录公众的意见反馈,回答公众的质询,听取公众的异议;最终在环境影响报告书或审议中充分反映公众的意见,特别是不同意见。此外,各国公众参与的范围包括但不限于环境决策,除环境决策外,

公众还可以参与环境执法和环境诉讼。参与范围的扩大，使国外的公众参与不仅包括环境公害发生以后的末端参与，也包括预案参与、过程参与和行为参与，这样更有利于保护公民的环境利益。

（3）环境信息公开制度较为完善

确认环境知情权是公众的基本权利；对政府和企业公开有关环境决策和管理、环境问题状态等信息的范围做出明确界定，信息公开范围广泛；规定了环境信息公开的方式，公众可以依一定程序申请获取相关环境信息，政府和企业负有环境信息公开义务；公众在环境知情权受到侵害的情形下，可依一定的民事、行政程序主张对权利的救济。

（4）非政府组织发挥重要作用，强化了公众参与的力度

目前，许多国家法律都规定了公民有权依法成立旨在保护环境的社团组织，即民间环保组织。这些社团组织代表了各自群体的环境利益，较个体公民相比，社团组织拥有从事环境保护活动更大的优越性和更强的能力，比如其掌握更多的环境信息、科技手段和专业知识，可以及时通报环境消息和提供技术咨询，还可以为受到环境侵害的公民提供法律上的咨询和帮助，帮助公民维护自身的合法环境权益。此外，这些组织还能够以公众代表的身份与国家或地方政府进行环境事务方面的有效合作，充分地参与到环境保护的决策过程中去，协助政府制定环境政策、方案、行动计划以及相关规范，并敦促和监督这些政策、方案、计划和规范的实施。因而，非政府组织在各国环境保护运动的实践中都展现出巨大的能量和蓬勃的活力。

（5）保证公众提起环境公益诉讼制度，维护其合法环境权益

环境诉讼是公众参与环境保护的一种重要方式，特别是当政府机关不履行环境立法规定或从事违法行政行为时，由公众提起环境行政诉讼往往要比建议、申诉、抗议、示威、游行等形式更为有力。例如在美国，一些公民和环保组织（如色拉俱乐部）就已经提起和进行了大量的环境诉讼，在保护环境和保障美国环境法的实施方面起到了十分重要的作用。

3.2 公众参与在中国的发展

3.2.1 进展

我国的公众参与出现在改革开放以后，特别是从 20 世纪 90 年代开始，我国不少地方政府根据当地的情况，探索新的经济治理方式，将公众参与引入地方重大决策中。由于市场经济发展的要求和政治上的广泛认同，公众参与在我国发展非常迅速。特别是近几年，公众的权利意识和利益意识不断增强，维权行为不断增加，公众参与的形式也不断多样化，如听证会、讨论会、法律草案的公共评论、民意调查、对话协商会议等活动，

使得公众参与逐渐成为公共生活民主化的一个重要标志。

我国环境影响评价中的公众参与相比其他国家起步稍晚。1991年，我国在亚行提供赠款的环境影响评价培训项目中首次提出公众参与问题。之后，建设项目环境影响评价中的公众参与问题深受关注。1993年，由国家计委、国家环保局、财政部、人民银行联合发布的《关于加强国际金融组织贷款建设项目环境影响评价管理工作的通知》中明确提出了公众参与的要求。1996年5月15日修改的《中华人民共和国水污染防治法》第3章第13条和1997年3月1日起实施的《中华人民共和国环境噪声污染防治法》第2章第13条中均明确规定："环境影响报告书中，应当有该建设项目所在地单位和居民的意见。"2002年6月26日国家环境保护总局在《关于建设项目环境影响评价征求公众意见法律适用问题的复函》中则更加详细地规定："建设项目编制环境影响报告书应当征求公众意见；在应当编报环境影响报告表或填写环境影响登记表的建设项目中，对建设在居民区并产生恶臭、异味、油烟、噪声或者由于其他原因直接影响周围居民生活环境的建设项目，环保部门可以要求建设单位征求项目周围单位和居民的意见，也可以在审批此类建设项目的过程中以适当形式征求项目周围单位和居民的意见。"2002年10月28日，中华人民共和国第九届全国人民代表大会常务委员会审议通过了《中华人民共和国环境影响评价法》，2003年9月1日起施行。《环境影响评价法》第一章总则第五条明确规定：国家鼓励有关单位、专家和公众以适当方式参与环境影响评价。同时，该法第二章规划的环境影响评价第十一条和第三章建设项目的环境影响评价第二十一条，分别对公众参与环境影响评价的参与形式、参与范围、参与人员、参与阶段、参与的限制以及公众参与意见的采纳与否都作了规定。第十一条规定：专项规划的编制机关对可能造成不良环境影响并直接涉及公众环境权益的规划，应当在该规划草案报送审批前，举行论证会、听证会，或者采取其他形式，征求有关单位、专家和公众对环境影响报告书草案的意见。但是，国家规定需要保密的情形除外。编制机关应当认真考虑有关单位、专家和公众对环境影响报告书草案的意见，并应当在报送审查的环境影响报告书中附具对意见采纳或不采纳的说明。第二十一条再次强调：除国家规定需要保密的情形外，对环境可能造成重大影响，应当编制环境影响报告书的建设项目，建设单位应当在报批建设项目环境影响报告书前，举行论证会、听证会，或者采取其他形式，征求有关单位、专家和公众的意见。建设单位报批的环境影响报告书应当附具对有关单位、专家和公众的意见采纳或不采纳的说明。至此，我国的公众参与环境影响评价步入了法制化的轨道。《环境影响评价公众参与暂行办法》（2006）就项目环评中公众参与的程序、公开的环境信息、征求公众意见的方式、公众意见的处理等进行了详细的规定；《规划环境影响评价条例》（2009）就规划环评中的公众参与做出了更具体的规定，第十三条规定，规划编制机关对可能造成不良环境影响并直接涉及公众环境权益的专项规划，应当在规划草案报送审批前，采取调查问卷、座谈会、论证会、听证会等形式，公开征求有关单位、专家和公众对环境影响报告书的意见。有关单位、专家和公众的意见与环境影响评价结论有重大分歧的，规划编制机关应当采取论证会、听证会等形式进一步论证。规划编制机关应当在报送审查的环境影响报告书中附具对公众意见采纳与不采纳情况及其理由的说明。此外，地方性的法规也对公众参与作了更加细致的规定，如《广东省建设项目环保管理公众参与实施意见》（2007）对问卷调查、座谈会、论证会、听证会等公众参与形式提出了参会人数等方面的具体要求，还扩大了开展公众参与的项目。这些标志着中国环评中的公众参与制度走向了规范化道路。

随着我国建设项目环境影响评价过程中有关公众参与法律的日益完善，公众参与经历了一个由浅入深的发展过程。起初，公众参与只涉及大型工业项目，相对的工作深度也较浅。随着环境问题的日益突出与公众环境保护意识的提高，人们对公众参与的认识也不断提高，公众参与的范围也逐渐广泛而深入。目前，环境保护行政主管部门根据建设项目所处地理位置以及敏感程度，不管项目规模大小，均提出了进行公众参与的要求，公众能够从多方面了解到建设项目的环境影响及其与自身利益的关系，并且通过某些形式来表达自己的意愿，公众参与已深入人心。目前，很多地区已经开展了公众参与的实践，如公众检查团制度等。

流域水污染控制是环境保护的一个重要方面，公众参与流域水污染控制研究起步比公众参与环境保护更晚。《中华人民共和国水法》（2002）明确确定了"国家对水资源实行流域管理与行政区域相结合的管理体制"，这是我国迄今对流域水资源管理法律地位规定最明确，对流域管理机构授予职责最集中、最全面的一部法律。《中华人民共和国水法》第6条规定："国家鼓励单位和个人依法开发、利用水资源，并保护其合法权益。开发、利用水资源的单位和个人有依法保护水资源的义务。"第8条规定："单位和个人有节约用水的义务。"根据这两条规定，我国公民具有参与水资源开发、利用的权利和保护节约的义务。这是《中华人民共和国水法》对公众参与水资源相关权利做出的具体规定。《中华人民共和国水法》第11条规定"在开发、利用、节约、保护、管理水资源和防治水害等方面成绩显著的单位和个人，由人民政府予以奖励。"该法对公众参与水资源保护和防治水害的全过程做出了激励性规定，有利于激发公众的参与热情。但是该法对公众的赔偿损失获得权没有提及，公民的享受水资源的权利难以得到保障，因此无法保障公民参与水资源保护的权利。

《中华人民共和国水污染防治法》（2008）第十条规定："任何单位和个人都有义务保护水环境，并有权对污染损害水环境的行为进行检举。县级以上人民政府及其有关主管部门对在水污染防治工作中做出显著成绩的单位和个人给予表彰和奖励。” 这是具体针对公众参与水污染防治方面所做出的规定，公众的参与权有了依据，对公众参与有着一定的促进和激励作用。地方性的一些法律法规，如《江苏省太湖水污染防治条例》《巢湖流域水污染防治条例》《滇池保护条例》等也包含一些公众参与的规定。

表 3-1　公众参与法律完备性核查表

法律法规	中华人民共和国环境保护法	中华人民共和国环境影响评价法	中华人民共和国水法	中华人民共和国水污染防治法	中华人民共和国环境噪声污染防治法	中华人民共和国海洋环境保护法	中华人民共和国大气污染防治法	中华人民共和国固体废物污染环境防治法	中华人民共和国水土保持法	环境影响评价公众参与暂行办法	江苏省太湖水污染防治条例	巢湖流域水污染防治条例	滇池保护条例
环保责任规定		√			√	√		√			√	√	
参与和监督权规定	√			√	√	√	√	√	√		√	√	
主体确定		√								√			
参与范围规定		√			√			√				√	
参与程序规定		√								√			
信息公开规定	√		√								√		
损害请求权	√			√	√		√	√			√	√	
奖励机制规定	√		√	√	√		√	√	√		√		√

注："√"代表是，空白代表否。

在目前的管理体制下，各项流域水污染控制措施多是由政府主导，公众参与也是主要依赖于政府的扶植和资助。近年来，我国在淮河、太湖等流域采取的流域水污染控制行动主要方式也是运用行政力量，比如江苏省在农村面源控制方面，政府提供部分资金支持，引导公众使用有机肥料、减低农药的使用、建造生活污水处理设施等。公众调研结果也显示，政府在促进公众参与方面起着重要的作用，政府主导下的公众参与水平较高，例如当政府加大太湖流域面源污染控制力度时，采取了一些鼓励性措施，实施农药、化肥的减施和替代工程，鼓励使用生物农药、防虫网、高效低毒易降解的农药来替代传统的农药，同时还改善化肥和农药的施用方式来提高其使用效率，减少向环境的排放，农村的一部分居民已经认识到农药、化肥对环境的危害，尽量使用有机肥、缓释肥、绿肥来代替化学肥料。在生活污染源方面，太湖流域政府重视其对流域水环境造成的污染，一些居民家庭的生活污水经污水管网到污水处理厂处理，部分农村设有生活污水生态净化处理示范工程和分散式生活污水处理设施，有的居民家庭里还设有生态厕所，进行垃圾卫生填埋等，大大地从源头减少了污染。

公众参与的程度和效果很大程度上受行政主管部门的影响，公众参与污染控制的内在动力未能被充分调动，决策的制定倾向于集中化，对公众的利益诉求和反馈不敏感，是一种有限的参与，信息的输入大于信息的反馈，这样不但直接增加了政府的管理成本，还难以有效协调各方利益相关者的矛盾，特别是存在跨界利益冲突的时候。

3.2.2 中国公众参与面临的问题

中国的公众参与社会环境影响评价和流域水污染控制制度正在逐步完善，但仍然存在一些问题，下面将从以下几个方面给予论述：

（1）公众参与相关的法律保障制度不完善

法律制度是公众参与环境保护最基本的保证，我国却没有在《宪法》中对公民的环境权进行明确的规定，除《中华人民共和国环境影响评价法》明确将环境权益写入法条当中，其他环境基本法及单行法也相应地没有将公民环境权作为公民的实然权利，环境保护公众参与因之缺少法律上的权利基础。同时，尽管我国在《环境保护法》以及《水污染防治法》《大气污染防治法》等单项法中强调了公众参与环境保护的重要性，在其他的一些相关制度中也提到了公众参与在环境保护中的作用，但是这些零散分布于环境基本法和一些单行法律法规、条例、政策规定中的有关公众参与的规定过于笼统，且存在简单重复，缺乏系统性，可操作性差，很多方面规定不到位，使广大公众难以参与到其中。如在公众参与环境影响评价方面，虽然我国《环境影响评价法》及与之配套的《环境影响评价公众参与暂行办法》中规定了较为具体可行的公民参与环境行政决策制度，但仍然存在不足，突出表现为未规定相关的法律责任，在遇到违反有关规定的情形下，如不征求民众意见时，无相应的强制性措施来保障义务的实现。此外，缺乏公众参与的具体操作细则，没有规定如何确定被征求者的范围，应该就哪些方面征求意见，意见征求的时间，意见的采用及反馈机制等。总体来说，仍需在参与范围、参与程序等方面加以完善。

在流域污染控制方面，虽然已有相关政策明确规定公众可以参与其中，但是这些规定大都隐含在"条例"及"政策"当中，如《江苏省太湖水污染防治条例》《巢湖流域水污染防治条例》《滇池保护条例》和《湖库富营养化防治技术政策》等。而且，这些规定还都处于原则层面，存在未对公众参与流域水污染控制的具体内容、具体形式和参与途径进行详细的设计，对公众的主体地位规定不明确等问题，缺乏可操作性，而且在已有的规定中，也仍是以"末端参与"为主导，缺乏"源头参与"的原则规定。

此外，环境司法参与制度中没有确认环境公益诉讼制度。在权利救济方面，环境侵权与传统的侵权有很大的不同，即群体性、难以恢复性、长期性、破坏性，仅仅依靠国家机关维护这样的公共利益是远远不够的。目前我国公众只能对影响自己的环境权益提起诉讼，而对于损害一定的公共利益的，公众不能提起诉讼，这极大地限制了公众参与的司法路径。在环境刑事诉讼方面，公民能否就环境利益遭受损害的情形提起刑事自诉，也没有明确的规定。这就造成了许多公众成为"环境弱势群体"。

制度的不健全严重挫伤了公众的参与热情，不仅无法达到理想的公众参与效果，还可能使有些公众采取极端的做法，影响社会稳定。

（2）环境信息公开程度不够

公开、透明的环境信息是公众参与环境影响评价和流域污染控制的前提和基础，是达成社会共识和激励社会进步的基础。公众只有获得客观、真实、全面的环境信息，才能有效地行使参与和监督等其他权利。环境信息公开在污染减排和提高执法与守法效率中发挥作用。我国《环境保护法》虽然也规定环保行政主管部门应当定期发布环境状况公报，《政府信息公开条例》和《环境信息公开办法（试行）》在环境信息发布方面也做了具体而细致的规定，但实际实施的效果仍不理想。

在太湖流域，对公众参与环境影响评价和流域污染控制方面的调查发现，当问及"您是否知道法律明确规定了普通民众可以参与环境影响评价？"被调查者中仅有44.4%的人知道该规定，55.6%的人表示不知道自己有这样的权利，知道该规定的人中也仅知道两三种参与方式，主要是"问卷调查"和"参与座谈会、听证会等"，分别占69.4%和61.1%，这充分说明政府的宣传力度不够。针对居民环保信息知晓程度进行调查，有12.7%的人"很清楚"政府对太湖的治理工作，46.8%的人"大概知道"，40.5%的人"不清楚"；从获得信息的渠道来看，选择"电视"、"报纸"、"收音机"、"听朋友说的"和"其他"的人数比例分别是57.8%、18.2%、5.0%、12.7%和6.3%。这表明公众获取环境信息的渠道是以电视为主，以报纸为辅，公众获得环保信息渠道单一。

在对政府部门的调研中发现，政府部门在农村的环境教育宣传仅有社区活动和展板及环境普查等几种方式，而且频率较低；而环境信息的公开渠道则主要是网站，间或辅助有广播电视和报刊杂志。有些项目的环境影响评价的公示或是流域污染治理方案等则只是公布在一些鲜为人知的网站，或者张贴在不起眼的角落，公众知情度极小，可能在很多人并不知道的情况下就已经结束公示，更谈不上发表意见。这充分体现了环境信息公开方式单一，公开程度不高。

此外，对于大多数的公众来说，更加关注周边环境质量信息，如大气质量状况、水环境质量状况、噪声情况、土壤环境状况，还有污染物排放信息等。而目前所公布信息的内容和范围很多不是公众所关心的，当前的环境质量评价主要是依据环境功能分区和环境介质的类别，并没有充分考虑环境污染对人体健康和生态系统平衡所造成的风险。公众在获取污染物排放信息时，往往存在一些谈判能力强的污染企业为了维护企业的经济利益和形象，阻挠地方政府公布其污染信息，随着依申请公开的起步，公众可以申请地方政府公开信息，但是"商业秘密"又成为了污染企业拒绝公开的借口。根据污染信息透明指数（PITI）（2008—2010），对全国 113 个评价城市的 PITI 值进行全国平均后，分别只有 31.06、36.14、40.38（见表 3-2）。这种所公开的信息与公众想要获取的信息存在一定的错位，导致了环境信息的透明度存在问题。

表 3-2　污染信息透明指数 （2008—2010 年） （全国平均）

评价项目及分值	2008	2009	2010
企业日常超标、违规、记录公示（28 分）	8.86	9.23	9.45
污染企业集中整治（8 分）	4.33	4.36	4.33
清洁生产审核公示（8 分）	2.24	2.58	3.26
企业环境行为整体评价（8 分）	0.85	0.77	0.94
经调查核实的公众对环境问题或者对企业污染环境的信访、投诉案件及处理效果（18 分）	6.42	7.98	9.52
建设项目环境影响评价文件受理情况和建设项目竣工环境保护验收效果（8 分）	2.06	2.35	2.60
排污收费相关公示（4 分）	0.91	0.98	1.45
依申请公开情况（18 分）	5.39	7.91	8.84
总分（100 分）	31.06	36.14	40.38

（3）公众参与意识不强，参与程度低，参与能力不高

目前公众参与社会环境影响评价和流域污染控制的程度还不高，很多公众并不知道自己有权利参与环境影响评价，也不知道如何参与环境影响评价。在宜兴市开展的调查结果表明，有 55.6% 的居民并不知道法律已经明确规定了普通民众可以参与环境影响评价，仅有 12.3% 的居民曾经参与过环境影响评价，说明大部分公众并没有参与过环境影响评价，参与程度十分低。当问及"您曾经有就政府的有关流域水环境治理发表意见和

建议吗？"仅有 4.9% 的人表示曾经发表过意见，结果并不让人满意。研究还显示只有 17.3% 的人曾经有为政府治理太湖流域水污染提供适当的帮助或便利，主要是通过配合政府的生态厕所改造和太湖蓝藻打捞来给予支持。这说明很少有公众参与过流域水污染控制，公众的参与程度很低。

公众参与程度低，除了上述提到的原因外，还有就是公众参与环境保护的知识薄弱、参与的意识淡薄、参与能力低，从而导致公众参与的实际行动十分少。中国公众的环保认识水平还处于较低层次，大部分地区的民众只关注自己周围的小问题，"事不关己，高高挂起"的传统心态制约着公众参与的积极性。对公众环境关注度的调查显示，51.9% 的公众会偶尔关注环境问题，主要是自己身边的环境问题，如生活环境附近的水质变化、绿化度变化以及垃圾堆积等和自己切身相关的环境问题，但是却很少有人想到要如何去改变这种环境状态，认为那是政府的事和自己无关；另有 44.4% 的人表示很关注环境问题，但是当问到你具体知道哪些重大环境事故时，宜兴的百姓多数也只知道太湖蓝藻事件，其他的则算不上是重大环境污染事件，也只是自己周边的一些具体的污染个案；调查中仅有 3.7% 人表示完全不关注。在调查公众参与环境保护活动的动机时，维护自身权益占 53.08%，热心环保事业占 46.91%，他人影响（包括 NGO 的倡导）占 9.87%，其他 7.40%。这表明我国公众有一定的环境意识，但是这种意识多是出于维护自身权益，和欧美等发达国家公众的那种较高的环境意识还有很大的差距，这是由我国长期以来的体制、教育等因素造成的。首先，人治观念根深蒂固；其次，官本位观念深入人心，而自由平等观念总遭压迫；再次，行政支配社会的观念相当发达，而民主监督行政的观念仍很薄弱；最后，还有民主法治意识的淡薄在一定程度上消解了公众作为政策制定主体应有的作用。

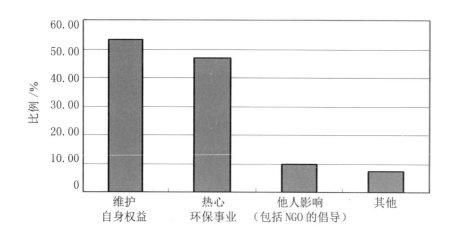

图 3-1　太湖地区居民公众参与原因调查结果

我国的公众参与正处于起步阶段，公众的参与能力还不高，这充分体现在公众参与的主动性、自觉性不高，参与的方式和方法不尽合理，对相关的法律政策不了解，欠缺理解沟通的心态，存在盲目从众的现象。陈晓侠（2008）等的研究显示，当有企业在其居住的社区排放有毒有害气体和废液时，只有 69.6% 的城镇居民想到依靠法律的途径结局，即"到环保局举报"，27.5% 的公众选择"与排污单位或个人交涉"，2.9% 的公众"不知道该怎么办"，这充分体现了公众的环境参与能力较弱。公众的环境参与能力弱，除了制度上的不完善、信息的不畅通之外，还受到公众自身的科学素养水平的限制。例如某些环境影响评价报告公示的内容或是流域污染控制的方法过于专业，不是有着很好的环境科学素养的公众，很容易对建设项目可能产生的影响范围和结果估计不足，而且对参与的意义、内容、程序等缺乏了解，从而忽视了自身的参与权利，因而造成参与的有效性不强，积极性不高，参与者多数属于流于形式的"象征性参与"，不能有效地行使法律赋予的权利。

（4）缺乏有效的反馈机制，公众意见的效力有限

目前的法律体系下，大部分规章制度仅对应当听取公众意见作出规定，却没有对公众意见的反馈作出明确的规定，公众无法得知自己的意见是否得到了采纳和重视，影响了公众参与的积极性。

由于我国对于环境影响报告的内容没有类似于美国等发达国家的有关替代方案的强制性规定，多数情况下公众只能对唯一的评价方案中提出修正意见或者加以完全否定。事实上，一项出于经济发展需要而且已经由各有关部门初步审查同意计划实施的建设项目，由公众加以完全否定的可能性是非常小的，公众无权通过对环境影响评价提出意见来影响环境影响评价的结论，况且环境影响评价的结论也只是有关行政机关进行决策的依据而已，公众意见的效力是极其有限的。

此外，我国目前的公众参与环境影响评价和流域水污染控制还是一个单向的过程，缺少对公众的信息反馈机制的规定，公众自己的意见是如何被政府机构或建设单位理解和把握的、是否得到了考虑和采纳，公众并没有获知的途径，这无疑会影响公众参与的有效性，而且会影响公众参与的积极性。

（5）环境非政府组织（NGO）力量薄弱

民间环保组织在推动公众参与环境治理方面可以发挥积极作用，它们有着专业优势和组织力量。但目前我国对公众参与有着积极的推动和引导作用的环保民间组织数量也不多，特别缺乏专业的影响广泛的环境影响评价和流域水污染控制方面的环保民间组织。

目前，我国民间环保组织不能广泛地发展壮大的主要原因是"草根"NGO 目前很难取得合法的身份。据中华环保联合会所做环保 NGO 调查结果证实，据不完全统计，目

前我国环保民间组织共有 2 768 家，从业总人数达 22.4 万人，这些组织在各级民政部门注册登记率也就是具有合法身份的仍偏低，仅为 23.3%。因为我国实行的双重审批制度，一个民间环保组织在登记注册的时候，既需要业务主管单位的审批，也需要行政主管单位的审批，这是导致民间环保组织"注册无门"的根本原因，并最终导致"草根"民间环保组织处于非法状态。合法地位的缺失是民间环保组织运用法律手段进行环境治理所面临的挑战之一，由于不具备合法的地位，导致民间环保组织组织制度不健全，也在很大程度上削减了民间环保组织在环境治理中作用的发挥。

而且目前我国的民间社会仍然处于初级阶段，很多环保组织起步晚，发展不均衡。骨干人才少，缺乏足够的专业人力资源，从调查情况看，中国 NGO 的专职人员较少，志愿者就更为缺乏，以北京 NGOs 为例，1999 年北京 NGOs 中 8.7% 没有专职人员，34.6% 的 NGOs 专职人员规模在 1～4 人，55.8% 的 NGOs 没有志愿人员，我国 26.8% 的环保民间组织的全职人员没有环保相关专业，近 50% 的环保民间组织中仅有 1～2 名环保专业人员，社会认知度低，缺乏培训；组织松散，内部机构建设不完善，工作随意性大，中国现有的 NGOs 很多是从原政府机关或事业单位分离出来的，甚至被人称为"第二政府"或"准政府"，他们有的还保留着原有的官僚习气，既不了解 NGOs 的管理技能，也缺乏 NGOs 的创新性、灵活性，缺乏解决社会问题、满足社会需求的经验与手段；缺乏足够的资金，我国环境公共资源主要集中在政府部门，而政府对环保民间组织的资助极少，政府限制 NGOs 从事经营活动，这使 NGOs 的经费来源较为单一，迄今为止，政府在鼓励个人和企业捐赠方面的措施还极为有限。另外，目前公众参与环保民间组织的活动还不普遍，因为公众对环保民间组织地位与作用缺乏正确认识，加之一些公众的环境意识不强。这些为民间环保组织开展宣传活动、促进公众参与带来了困难。

3.2.3　中国公众参与的发展前景

随着社会的进步与发展，公众的权益意识更加觉醒，更加关心公共事务，相应的维护权益的经济基础更加雄厚，政府将为公众参与提供更好的基础，公众参与的渠道不断拓宽，知情权、参与权、表达权、监督权成为公民的基本政治权利。

（1）公众参与理念和文化培养

公众参与制度只是确保公众的参与权利得以实现的外在因素，但是能否真正实现公众的有效参与并增强参与效果必须有参与的理念和文化的支撑。随着公众的维护权益意识的增强和环保意识的觉醒，公众参与的理念将渐渐融进文化中去，真正培养起公众参与的文化。

（2）公众参与更加规范化和制度化

增强公共管理过程的开放性，关键在于使公众利益表达机制规范化、法制化。公众参与制度的构建不仅体现在立法的各个环节，还广泛地体现在政府的各项公共事务的决策，更体现在从进行决策到执行决策的各个阶段和环节。因此在实践中不断丰富民主形式、逐步扩大公众的参与范围，参与主体多元化，让更多的公众参与更多的领域中，并积极创造条件消除制约因素，规范公众参与的制度和程序，逐步实现自觉参与、制度化参与和有序参与。参与过程中必须充分授权、公平公正、公众信任以及参与式学习，参与过程要有明确的目标和促进措施，建立完善的公众参与体制。

（3）公众参与的主体更加多元化、组织化

民主政治必须是有序渐进的过程，随着我国民主化进程的进步，各个阶层不同利益诉求都将得到有序表达，多种社会主体的管理能力不断提高，政府积极鼓励各类社会组织包括事业单位、群众团体在内的机构参与社会管理，使参与的主体多元化，扩大公众参与的主体。

（4）公众参与的方式多样化

随着公众参与环境管理的研究越来越广泛，公众参与已经密切地与社会、政治、意识形态、体制制度等联系起来，各种参与式方法研究也越来越多。而公众参与的方法也将更加复杂而多样，创新型参与方式不断涌现，网络、媒体开始发挥更大的作用，公众参与的机制不断完善，极大地提高公众参与的效率和公平性。

（5）公众参与反馈和评估机制的建立

随着公众参与程度的提高，全方位的公众参与制度将得以建立，因此目前所疏忽的公众参与反馈和评估机制也会建立，加强事前和事中监督和异议。公众参与的反馈与参与的过程本身同等重要，反馈能直接影响公众参与的广度和深度。参与机制的关键是公众的参与行为对公共事务的影响有多大。完善的评估制度可以将公众参与抽象的概念进行量化和具体化，可以更加准确地掌握公众参与的效果，以及参与过程中哪些是做得好的地方、哪些是需要改善的，从而为管理部门制定规划和发展提供依据，也为其他类似的项目提供基础和依据。

第4章 公众参与的途径和方法

公众参与的途径和方法复杂而多样，公众参与方式能直接影响公众参与的效率和公平性，设计精良的公众参与方法既有助于达成公众参与的实质效果，也可以预防由公众参与不完善性带来的不良后果。当前，我国公众参与的途径在不断增多，主要有公众问卷调查、采访和访谈、座谈会和论证会、听证会、专家咨询、公众投诉和举报、信访、网络参与等。在参与式方法运用方面，绘图类方法、打分排序类方法、分析类方法等应用得较多。

4.1 公众参与的途径

4.1.1 公众问卷调查

（1）问卷调查的概念 [①]

问卷调查是一种常用的社会公共调查方法，是根据调查的目的制定调查问卷，由被调查者按调查问卷所提的问题和给定的选择答案进行回答的一种专项调查形式。

问卷调查法是通过事先统一设计的问卷了解公众对社会公共事务意见、看法和表达诉求的一种社会参与方式，是访问调查法的延伸和发展。

问卷调查可以用来了解：

1）公众对社会、经济、环境和污染治理、公共福利、公共政策、公共投资和公共基础设施建设项目的意见、建议；

2）特定社会群体反映社会公共问题，表达利益诉求；

3）了解公众对公共政策实施效果和实施过程的评价意见；

4）公众对特定社会热点问题的认知程度。

问卷调查可以作为流域污染治理、工业建设项目的社会影响评价和环境影响评价中征求公众意见的有效方法，可以应用在整个项目的生命周期中。

---

① 毛如玉. 环境保护调查方法 [M]. 北京：化学工业出版社，2010.

（2）问卷调查的主要类型

问卷调查主要分为两种类型：自填式问卷调查和访问式问卷调查。自填式问卷是由被调查者本人填答的问卷，按照问卷传递方式的不同，可分为送发问卷调查、报刊问卷调查、邮政问卷调查。访问式问卷是由调查人员根据被调查者的回答填写的问卷，按照与被调查者交谈方式的不同，可分为访问问卷调查和电话问卷调查。

这几种问卷调查方法的利弊，可简略概括如表 4-1 所示。

表 4-1 问卷调查的方法

问卷种类	报刊问卷	邮政问卷	送发问卷	访问问卷	电话问卷
调查范围	很广	较广	窄	较窄	可广可窄
调查对象	难控制和选择，代表性差	有一定控制和选择，但回复问卷的代表性难以估计	可控制和选择，但过于集中	可控制和选择，代表性较强	可控制和选择，代表性较强
影响回答的因素	无法了解、控制和判断	难以了解、控制和判断	有一定了解、控制和判断	便于了解、控制和判断	不太好了解、控制和判断
回复率	很低	较低	高	高	较高
回答质量	较高	较高	较低	不稳定	很不稳定
投入人力	较少	较少	较少	多	较多
调查费用	较低	较高	较低	高	较高
调查时间	较长	较长	短	较短	较短

资料来源：问卷调查 . 百度百科 . http: //baike.baidu.com/view/437164.htm.

（3）问卷调查的特点

1）通俗易懂，实施方便。采用问卷进行调查时，调查的问题和可供选择的答案均提供给被调查者，由其从中选择，易被调查者接受。

2）适用范围广。问卷调查既适用于社会、经济、政治等现象进行专项调查，也适用于公众关心的问题进行专项调查，还适用于对其他问题进行调查。

3）节省调查时间，提高调查效率。由于在调查问卷中已经列出调查目的、内容和问题以及可供选择的答案，节省时间，加快调查进度。

问卷调查法便于获得真实的资料，所获得的资料便于标准化处理和定量分析；能节约时间、人力和费用；避免主观偏见干扰；具有匿名性；突破空间的限制，适用于较大规模的调查。但也缺乏弹性，不适合文化程度低的群体。

（4）问卷的基本结构

一般来说，一份问卷包括以下几个部分：封面信、指导语、问题和答案、其他资料。

封面信：即致被调查者的一封信，向被调查者介绍说明调查者的身份、调查的目的等内容。一般需要说明以下内容：a. 调查的主办单位或个人身份；b. 调查的内容和范围；c. 调查的目的；d. 调查对象的选取方法。此外，还包括填答问卷的方法、要求、回收问卷的方式和时间等具体事项，并在信的结尾一定要真诚地对被调查者表示感谢。

指导语：即用来指导被调查者如何正确填答问卷，指导调查人员如何正确完成问卷调查工作的一组陈述。

问题和答案：问题和答案是问卷的主体，被调查者的各种情况正是通过问题和答案来收集的。

问题可分为开放式和封闭式两大类。所谓开放式问卷，就是不为调查者提供具体的可供选择的答案。封闭式问题，就是在提出问题的同时，还给出若干个可能的答案，供回答者根据自己的实际情况选择回答。其优点是：填写十分方便，对文字表达也无特殊要求，所得的资料十分集中，而且便于统计处理和定量分析；缺点在于：封闭式问题所得的资料失去了开放式问题所表现出的那种自发性和表现力。

目前，我国问卷设计的问卷调查问题通常兼含封闭式问题和开放式问题，封闭式调查多是选择题，包括对项目可能引起的环境问题的看法、接受程度及态度等，便于公众回答，调查可以获得精确性很高的统计数据。开放型问题的设置是为了让公众充分发表自己的意见并提出解决存在问题的有效方案。许多建设项目的环评问卷调查都是以这样的方式。

其他资料：除了上述的内容外，问卷还包括一些有关的资料，如问卷名称、编号、问卷发放及回收日期、调查人员、审核人员、问题的预编码等。

（5）环境影响评价中公众问卷调查

问卷调查是目前公众参与的最常用的一种方式，问卷调查中书面问卷是征求公众意见最直接、最主要的方式，也有一些项目使用网上问卷调查来征求大范围公众的意见，作为书面问卷调查的辅助和补充。

环境影响评价中的公众书面问卷通常由环评单位进行发放问卷并回收，数量与建设项目的规模和性质有关。例如，2008 年，上海市根据《环境影响评价公众参与暂行办法》《上海市实施〈中华人民共和国环境影响评价法〉办法》等相关法律、法规的规定，制定了《关于开展环境影响评价公众参与活动的指导意见》，规定问卷调查的具体数量为：可能存在重大环境风险或影响的建设项目（铁路、道路、桥梁、污水处理等），书面问卷调查表的发放数量应大于 200 份，回收的有效书面问卷调查表应大于 90%，敏感目标

表 4-2　典型建设项目公众参与调查表

项目名称	××化工园		建设地点		
项目简介：					
被调查人情况			被调查单位情况		
姓名			单位名称		
年龄		职业	规模		主要产品
性别		文化程度	性质		主管部门
家庭住址	区　（街道）		单位地址	区　（街道）	

1. 您对本地区的环境质量现状是否满意（如不满意请说明主要原因）
   A. 很满意　　B. 较满意　　C. 不满意　　D. 很不满意

2. 您认为本地区的环境问题主要是
   A. 废气　　　B. 废水　　　C. 固体废物　D. 噪声　　E. 生态破坏

3. 您认为本地区污染主要来自于
   A. 本地区工业　　B. 周边地区工业　　C. 交通　　D. 人口增加

4. 您是否知道和了解××化工园
   A. 不了解　　B. 知道一点　　C. 很清楚

5. 您是从何种信息渠道了解××化工园建设的信息
   A. 报纸　　　B. 电视、广播　　C. 标牌宣传　　D. 民间信息

6. 根据您掌握的情况，认为××化工园建设对环境影响较大是
   A. 废气　　　B. 废水　　　C. 固体废物　　D. 噪声　　E. 生态破坏

7. 从环保角度出发，您对××化工园建设持何种态度
   A. 坚决支持　　B. 有条件赞成　　C. 无所谓　　D. 反对

8. 假如由于××化工园建设，您将失去耕地、房屋需拆迁，您持何种态度
   A. 积极配合　　B. 有条件配合　　C. 无所谓　　D. 不愿意

9. 您认为××化工园建成后，××镇或××镇区的环境是否适宜你的居住
   A. 很适宜　　B. 较适宜　　C. 一般　　D. 较差（不适宜）

10. 您对××化工园区建设的环保方面有何建议和要求？

11. 您对环保部门的审批有何建议和要求？

内调查对象的书面问卷调查表发放和回收比例均应大于 70%；可能存在较大环境风险或影响的建设项目，书面问卷调查表的发放数量不得少于 150 份，回收的有效书面问卷调查表应不少于 120 份，敏感目标内调查对象的书面问卷调查表发放和回收比例应均不低于 70%；其他建设项目，书面问卷调查表的发放数量不得少于 100 份，回收的有效书面问卷调查表应不少于 80 份，敏感目标内调查对象的书面问卷调查表发放和回收比例均应不低于 70%；当敏感目标内调查对象数量不多时，可适当减少书面问卷调查表发放数量。

（6）流域污染项目问卷调查的设计和准备

为保证调查的结果和被调查人的意见表达的准确性，必须对问卷调查做系统的设计和准备。流域污染项目问卷调查设计和准备包括如下步骤：

1）调查对象的选择和抽样

①区域代表性和抽样代表性及保证代表性的指标和标准；

②区域的选择：流域的选择；小流域的选择；社区的选择；

③调查对象的选择：社区内部不同利益群体的选择：女性，脆弱群体的选择；城市社区调查对象的选择；其他对象，政府，消费者，企业人员，研究人员，学生。

2）调查内容的确定

①面源污染现状和污染原因的认知；

②面源污染相关的利益主体；

③污染对居民产生的影响；

④公众关注的污染治理措施；

⑤降低农业和城市污水面源污染的措施的评价；

⑥污染治理措施的社会影响；

⑦污染治理中的生计补偿诉求；

⑧相关政策建议。

3）公众调查问卷的设计

步骤：

①调查对象和区域的基本信息；

②问题的提出；

③备选答案的设计；

④重要性，严重程度的刻度设计。

案例：无锡市面源污染公众调查问卷

1.被调查人信息：姓名：　　　　　　性别：　　　　年龄：

2.区域信息：区（县）：　　　乡镇：　　　村（社区）：

3.调查内容

表 4-3　无锡市面源污染公众调查问卷

调查内容 / 问题	备选答案	重要（严重）程度的打分排序				
		1	2	3	4	5
您认为下列哪些原因是导致太湖水污染的主要原因？	（ ）化肥施用 （ ）畜牧养殖 （ ）农村污水 / 垃圾排放 （ ）城市垃圾污水 / 垃圾排放 （ ）工业污染排放					
您认为下列哪些主体是面源污染相关的利益主体	（ ）农户 / 农村社区 （ ）城市社区和居民 （ ）政府机构 （ ）科研机构 （ ）民间机构 （ ）相关企业					
污染对居民产生的影响	（ ）健康 （ ）整体生活环境和质量 （ ）导致贫困 （ ）社区社会发展					
公众关注的污染治理措施	（ ）改变种植模式 （ ）减少化肥施用 （ ）压缩分散养殖 （ ）粪便的处理 （ ）生活垃圾的收集和处理					
污染治理措施的社会影响	（ ）放弃原有产业 （ ）影响收入 （ ）转换生计的困难					
污染治理中的需求	（ ）生计转换中的资金支持 （ ）配方施肥技术培训 （ ）家畜粪便沼气转换 （ ）改善灌溉设施					
相关政策建议	（ ）流域生态补偿 （ ）水权的界定和水权交易					

4）实施问卷调查

①环保局，太湖流域管理局直接调查；

②委托乡镇有关人员发放并回收问卷；

③委托村委会成员，村会计发放问卷。

5）问卷调查结果的统计分析和调查报告的撰写

①问卷结果的统计汇总；

②根据主要问题的答案结果，得出相应的结论；

③撰写调查报告；

④呈交有关政府决策机构，作为太湖治理项目设计和措施选择的依据；

⑤通过公共媒体公布问卷调查结果，提高公众对污染问题的认知程度。

4.1.2 采访和访谈

访谈是社会学调查常用的方法之一，也是环境污染治理和工业建设项目中社会影响评估，环境影响公众参与的有效方法之一。所谓访谈，即根据事先设计好的访谈提纲，以面对面直接沟通的方式，了解访谈对象对提出的问题的看法、认知、态度和选择偏好的过程，具有效率高、成本低的特点。

整个访谈过程是调查者与被调查者直接见面，并相互影响、相互作用，其优点是能够把调查与讨论研究结合起来，不仅能提出问题，还能探讨、研究解决问题的途径；不足之处是：由于受访谈人的素质、被访问的人数限制等，专项调查的结果可能受到影响。成功的访谈不仅要求调查者做好各种调查准备工作，熟练掌握访谈技巧，还要求被调查者的密切配合。

访谈的类型主要有结构式访谈（标准化访谈）、无结构式访谈。结构式访谈是指按照统一设计、有一定结构的调查表或问卷表进行的访问。访问对象采取概率抽样，访谈过程高度标准化，其优点有，访问结果便于量化、回收率高、调查结果可靠性高，缺点是费用高、时间长。结构式的访谈常常用于大规模的环境保护专项调查，如全国环境产业专项调查等。要求调查者在访问调查中所选择的访问对象的标准，访谈中所提及的问题及其顺序、提问的方式以及调查结果的答案记录都应该严格按照问卷要求或访谈任务的要求行事。这种方式过于呆板，调查者难以临场发挥好，被调查者的回答也缺乏弹性。无结构式访谈是按照一个粗线条的提纲或一个题目，由访问者与被访问者在这个范围内进行交谈。优点是弹性大、能对问题进行全面的了解；缺点是费时、难量化。无结构式访谈常常用于探索性研究，用于深入了解个人心理奥秘、态度、思想等。它对访问对象的选择、访问中所要询问的问题也有一个基本的要求，但调查者也可根据访问过程中的实际情况做必要的调整。其提问的方式、顺序、记录、访谈的环境均不做统一的规定，由访问者灵活掌握。访问调查也可以有半结构性访谈，即介于标准化和非标准化之间的访谈，它是根据事先拟定的访问提纲与主要问题进行访问，这种形式下，双方都有一定的发挥余地，又有统一的交谈中心，效果比较好，因此采用该种形式的调查比较多。

作为一种公众参与的方法，一般也采用半结构访谈（或开放式访谈）方法。所谓半结构访谈是根据事先设计好的访谈提纲（而不是事先设计好选择答案的问卷），以开放、互动、非正式、讨论式进行采访。座谈中详细记录访谈的结果和内容，以便与小组内其他入户访谈、与采用其他方法调查的人员的结果进行分析比较。半结构访谈以访谈对象为主体。采访的一般的程式，从提出问题即起因开始，要回答以下几个问题：谁、何时、何地、过程、结果和影响。

下面以流域管理为例，说明访谈式的一般做法：

（1）访谈的目的

1）了解采访对象基本情况；

2）通过信息交流和互动沟通，采访对象对自身现状的认知过程，也是外来人员认识采访对象的过程；

3）设计人员了解公众意见和发展需求，以助决策。

（2）访谈工具的特点

1）形式简单，便于操作；

2）采纳的辅助工具简单：个体访谈，用本、笔；小组访谈，可以采用研讨会方式，使用大纸、记号笔；

3）一对一的沟通，参与效率高；

4）一人主持，多人参与，调查的效率高。

（3）访谈的类型

1）关键人物访谈：村干部，村会计，年长者，过去的村干部，和特殊项目相关的人等；

2）个体访谈：结构性抽样抽出的样本公众，占总体的 10% ～ 15%；

3）焦点小组访谈：从公众中选出 5 ～ 8 人座谈。

（4）访谈对象的抽样

1）结构性随机抽样（或称半随机抽样）

本方法适合小数量样本的抽取。先分类，后随机可以克服小样本量随机抽取的误差。步骤如下：

①找到全村农户的花名册。

②根据农户受到项目或污染的影响分类：严重影响户、中等影响户、轻微影响户；也可以根据农户对太湖水污染的关系分类：如大棚蔬菜户、水产养殖户、餐饮户、有污染企业的户等。

③分别从每类农户中随机抽取 10% ～ 15% 的农户作为样本农户。如果是做项目设计前的基线调查，样本量适当缩小，因为样本农户今后在监测评价中仍然作为跟踪的样本户，数量太多，工作量太大。

2）随机抽样

本方法适合较大数量的样本抽取。步骤如下：

①找到全村的农户花名册。

②根据农户的总数确定随机抽样的间隔数：一般间隔数为总户数除10。如某村有100户，抽样间隔为100/10=10。

③从第一户开始数起，将第10户抽出，作为样本户；再从第11户开始，数到第20户，抽出；依次类推，直到抽出需要的10户为止。

（5）访谈提纲的设计

提纲内容根据项目设计的重点内容而定，农户访谈提纲一般包括：

1）农户基本情况：包括人口，劳力，土地，牲畜，家庭收入，生计活动；

2）对太湖水污染或社区内环境污染的认知，污染原因分析，可借助问题树方法；

3）太湖污染治理措施的建议和措施的排序；

4）治理措施对农户收入影响，治理对资源使用的限制；

5）工业建设项目对农户的影响；

6）对现有太湖流域污染治理项目效果和实施情况的评价；

7）对现有治理措施和相关政策的评价。

（6）访谈注意要点

1）平易的态度，不要居高临下；

2）开放式提问，引导采访对象谈出问题和建议；

3）注意倾听，不要以采访者为主体；

4）被采访者顺藤摸瓜，在座谈中判断，提出新的问题；

5）不要刻意的诱导，不要诱导被采访者说出采访者希望得到的信息和答案；

6）避免使用专业语言，采访语言的本土化；

7）访谈与其他工具的交叉使用：绘图、填表等；

8）采访中的观察和座谈相结合。

在建设项目中，走访咨询是一种适用范围最广、了解意见最全面的调查方法，适用于点状或面状建设项目，调查方便、获得信息速度快；但对于线状项目（如公路）则费时较多、难度较大。当没有明确的公众参与形式规定和严格的法律要求时，多采用走访咨询的方式。

表 4-4 拟建公路工程沿线公众参与调查表一（户级访谈）

访谈对象姓名		性别		年龄		民族		文化程度	
职业		职务		单位或住址		乡（镇） 村 组			

1 家庭简况

1.1 户籍人口 ____ 人，其中劳动力 ____ 人；耕地面积 ____ 亩；住房 ____ 平方米

1.2 家庭年纯收入：

□低于 5 千元　　□5 千～1 万元　　□1 万～3 万元　　□3 万～5 万元　　□5 万元以上

1.3 家庭主要经济来源：（在□内选择最主要的两个来源，并填入 1、2 排序；在○内打"√"）

□（来源 1）种植业：○粮食蔬菜 ○经济作物 ○其他

□（来源 2）养殖业：○水产养殖 ○畜牧养殖 ○其他养殖

□（来源 3）其他副业：○外出打工 ○经商 ○建筑安装 ○其他

2   修建该公路对您家影响及您的一些看法

2.1 您认为修建这条公路对家庭经济收入、生计方式的影响：

□有利影响 □不利影响但可接受 □很不利不可接受 □无影响

2.2 您认为修建该条公路对居民生活质量的影响：□提高　　□降低　　□无影响

2.3 您认为修建该条公路带来的主要环境问题：

□农业生产、植被损失 □水质污染 □噪声污染 □空气污染 □其他 _____

2.4 您认为公路施工期减轻粉尘污染、噪声污染影响的主要措施：　□施工场地、便道远离居民点 □储藏粉状料库、易起尘设施等环节的管理 □施工便道洒水 □深夜禁止施工 □其他 _____

2.5 您希望本工程建设单位为减轻交通噪声污染影响应采取的主要措施：

□公路绿化 □远离村庄 □修建隔声屏障 □安装隔声窗 □搬迁 □其他 _____

2.6 在采取环境保护措施的前提下，您是否赞同修建该公路？ □赞同 □不赞同 □无所谓

如不赞同，请说明理由：_____

3   您对该公路的建设有何其他意见和建议？

注：1. 对于选择性问答，请在您同意的选项前空格内打"√"；2. 本表格不够填写时，请附纸填写。

资料来源：湖北省老河口至宜都高速公路老河口至谷城段环境影响评价公众参与调查问卷。

访谈日期：　　　年　　月　　日

表 4-5 拟建公路工程沿线公众参与调查表二（群体访谈）

访谈主题	1. 该公路的修建对当地社会经济发展的正面影响 2. 该公路的修建对当地可能带来哪些不利的环境影响，建议采取的减缓措施 3. 本地区需重点关注的环境保护问题						
群体访谈个人	姓名	性别	年龄	民族	职业	职务	文化	单位或住址
访谈纪要：								

注：本表格不够填写时，请附纸填写。

代表人（签名）：

日　期：　　年 月 日

表 4-6 拟建公路工程沿线公众参与调查表三（有关部门）

被调查人所在单位		地址	
填表人姓名、所在部门及职务		联系电话	
修建该条公路可能受到哪些重要环境敏感因素的制约（或干扰）及影响（可多选）	□自然保护区　　□饮用水源保护区　　□风景名胜区 □森林公园　　□重要文物 □城镇建设总体规划　　　　　　　□其他 □不受任何制约　　　　　　　　　□不清楚		
修建该公路对本地区社会公共事业的发展将在哪些方面产生积极影响（按影响大小选 1～3 个）	□能源　　□交通　　□信息　　□教育 □文化娱乐　　□卫生　　□就业　　□妇女地位		
修建该条公路对沿线生态环境在哪些方面可能产生不利影响（可多选）	□破坏植被　　　□珍稀野生保护植物　　□古树 □珍稀野生保护动物（陆生、水生）　　　□水土流失 □景观		
修建该条公路对沿线地区的资源开发利用是否有影响（可选多项，请注明有利影响"○"与不利影响"×"），对本地区文物古迹、旅游景点有何影响	○ ×土地资源　　○ ×矿产资源　　○ ×森林资源 ○ ×旅游资源　　○ ×水资源　　　○ ×渔业资源		
对修建该条公路在保护沿线水、气、声环境方面的具体要求、建议及其需说明的问题，包括公路路线方案等			
对修建该条公路在保护生态环境、社会环境方面的具体要求、建议及其需说明的问题，包括公路路线方案等			

注：1. 请在您同意的选项前空格内打"√"；2. 本表格不够填写时，请附纸填写。

调查日期：　　年　　月　　日

4.1.3 座谈会和论证会

座谈会和论证会是为所有受到影响的及感兴趣的团体和个人提供表达意见的渠道，是针对性比较强、组织难度较大的调查方法，主要针对受影响群体最为关心的热点和难点问题进行，目的是实现有利害关系各方之间的直接交流和对话，以便在热点、难点问题的解决办法和需采取的补救措施方面达成共识。论证会召开的目的主要是要对所讨论事项的必要性和可行性进行分析。

座谈会和论证会作为公众参与的途径有着坚实的政治和法律基础。党的十五大报告指出"逐步形成深入了解民情、充分反映民意、广泛集中民智的决策机制，推进决策科学化、民主化。"党的十六大报告指出："各级决策机关都要完善重大决策的规则和程序，建立社情民意反映制度，建立与群众利益密切相关的重大事项社会公示制度和社会听证制度，完善专家咨询制度，实行决策的论证制和责任制，防止决策的随意性。"党的十七大报告进一步指出："推进决策科学化、民主化，完善决策信息和智力支持系统，增强决策透明度和公众参与度，制定与群众利益密切相关的法律法规和公共政策原则上要公开听取意见。"

座谈会和论证会组织难度较大，我国一般对于敏感性和争议性较大的项目才开展会议，因为其在有效沟通、调和矛盾方面发挥了十分重要的作用。

目前，我国对于参与座谈会的公众的人数没有限制，上海市的《关于开展环境影响评价公众参与活动的指导意见》规定，位于可能受直接影响范围内的公众人数一般不少于 70%；参加论证会的人数一般控制在 15 人左右，主要为相关专家和具有一定专业知识的公众代表。

4.1.4 听证会

当进行重大公共决策或规划时，特别是涉及广泛的公众的利益，并存在明显的利益分歧和观点冲突时，就需要选择代表人，通过对话协商方式平衡各方利益，听证会就是这样可以让不同利益群体的利益诉求得以表达、保证决策符合实际和公众的意愿的制度。

与座谈会、论证会相比，听证会在我国是一种新事物，实行较晚，目前仍在起步和发展阶段。听证会起源于英美，是一种把司法审判的模式引入行政和立法程序的制度。听证会模拟司法审判，意见相反的双方互相辩论，其结果通常对最后的处理有拘束力。在中国，除了行政程序中有听证制度外，听证制度应用越来越广泛。[①]

听证会对于公共决策有六大功能定位：公正平等、公众参与、公开透明、理性选择、

---

① 听证会 . 百度百科 . http://baike.baidu.com/view/278837.htm.

合法规范和提高效率。[①]

（1）公正平等

是听证会重要的功能，主要指通过听证会的形式让相关的利益群体或个人在公共决策过程中都能平等表达意见，有效保障自身的合法权益，使决策公平公正。因此，这就要求各有关利益主体有平等的代表权、会中各有关利益主体有平等的发言权、会后各有关利益主体的意见能得到平等的重视、各方主体的利益和意见能得到合理有效的协调和平衡。

（2）公众参与

就是让普通公众通过听证会形式有机会直接或间接地参与到关系他们切身利益的公共决策过程之中。同时，通过扩大公众参与，也可以实现政府与公众的直接沟通和互动，增进相互的合作。因此这就要求普通公众有参与听证会的机会，如听证代表中有普通公民或群众，普通百姓及其代表在听证会上有表达意见的机会，普通群众及其代表在听证会上的意见能得到充分尊重，凡是在听证会上提出的意见，决策者必须在最后裁决中做出回应。

（3）公开透明

就是对于不涉及国家机密和个人隐私、不影响到社会秩序的公共决策，通过公开听证会形式，增加公共决策的透明度。这既是保证公众参与和决策公正的前提，也是充分发挥公众和社会监督公共决策过程的重要举措。因此，这就要求会前向社会公开，会中有大众媒体的介入、公众能旁听听证过程，会后听证会纪要以及相关文件资料能得以公开。

（4）理性选择

决策的最理想模式就是理性决策模式，即认为人的理性认知能力是无限的，能够对自身利益和相关问题有充分的认知，对各种决策方案及其后果都能做出准确的判断，从而做出正确的决策。严格意义上的听证会并不能仅仅成为各方利益主体相互争吵的合法场所，而应该考虑引进一些专家的参与和有关技术力量的支持，以便尽可能实现公共决策的理性化或科学化，同时也能以此让各方利益主体与专家技术人员实现直接沟通和互动，以便达成共识。因此，这就要求听证代表中有专家、技术人员及其代表、提交听证会的决策方案及相关资料事前要经过专家审查和鉴定，听证过程中有专家及有关技术人员发言的程序保障，会后有专家作用的发挥。

（5）合法规范

就是通过完善的听证程序规范，保证有关公共决策严格依据有关法律和程序进行，

---

① 彭宗超，薛澜，阚珂. 听证制度 [M]. 北京：清华大学出版社，2004：36.

彻底避免公共决策中仅由少数人、少数部门主观臆断或任意作为，最终提高公共决策的合法性和规范化程度。这就要求听证有规范的制度依据和具体的操作程序要求、程序规范的细致完善、听证过程严格依从程序规范。

（6）提高效率

即以最少的听证成本实现最大的决策效益。在听证制度初步实行的时候很多学者认为听证制度会增加决策成本、降低决策的速度，从而不利于决策效率的提高。但实践发现听证会比花大量时间、人力和财力等成本分别到群众之中和相关部门调查、解释和沟通的实际效率要高很多。

《环境影响评价法》是首次以法律形式规定听证程序的，一般通过召开听证会对环评单位所编制的环境影响评价大纲及最终编制的环境影响报告书进行咨询或审查，尤其是那些对环境影响明显、环境敏感性大、公众反映强烈的项目，由建设单位或其委托的环评机构召开听证会。参加会议的人员有：环境保护行政主管部门、建设单位、设计单位、环评机构、相关的专家和技术人员、受到影响的公众代表、感兴趣的团体和个人。而且《环境影响评价公众参与暂行办法》还规定，建设单位或评价单位决定举行听证会征求公众意见的，会议组织者应在会议 10 日前公告会议时间、地点、听证事项及报名办法。希望参会的个人或组织可据此提出申请，并同时提出自己意见的要点。会议组织者在申请人中遴选参会代表，并在会议 5 日前通知已选定代表。听证会按规定程序召开并制作笔录，听证笔录应当交由参加听证会的代表审核签字。

2005 年，由国家环境保护总局主办的关于圆明园湖底防渗工程的公众听证会是《环境影响评价法》实施以来召开的第一个由国家环保总局召开的公众听证会，该听证会是为了回应公众对于在圆明园湖床上使用不透水的塑料膜可能造成严重的生态破坏的关注，这也为以后的环保听证总结了经验。就环境影响评价听证程序而言，一般来说其有效性的标准是各种不同利益群体是否获得了均等的利益表达机会；听证会是否提供了必要的与建设项目环境影响评价相关的知识和信息；通过听证会进行的利益诉求、提供的专业知识、地方性知识和事实是否在多大程度上发挥了影响，是否满足了代表对知识和信息的需要；听证会是否提高了公众对环境保护的认知和认同，是否提高了政府的合法性。

4.1.5 专家咨询

专家咨询制度是现代决策咨询系统中的重要组成部分，在公共决策中具有重要作用。专家基于其在特定领域所从事的研究，往往具有十分深厚的专业背景和丰富实践经验，因此专家咨询可以有效解决决策者的能力和职责不对称的矛盾，为决策提供专业技术意见和建议，有利于防止决策的随意性，对于推进我国的决策科学化和民主化具有重要意义。

专家是公众的一个特殊组成部分，也是公众利益的代表者，因为在一些情况下，专家往往也会基于其专业知识而采取中立地位，甚至可能有利于民众或者弱势群体。专家参与咨询的过程能使决策置于公众的监督之下，也是公众参与的重要途径，在某种程度上明确了公共权力的作用范围和行使边界防止出现权力寻租。

我国公共决策在 20 世纪 80 年代以前大多属于经验决策，其决策流程如图 4-1 所示。

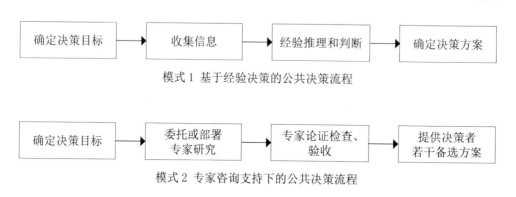

模式 1 基于经验决策的公共决策流程

模式 2 专家咨询支持下的公共决策流程

图 4-1　我国公共决策流程模式

资料来源：贺德方 . 我国专家咨询制度发展的障碍与对策分析 [J]. 中国软科学，2008（7）：20-26.

我国在环境影响评价报告书审批阶段，须进行环境影响技术评估，对整个 EIA 工作进行总结，现有评审一般是由评估部门组织，聘请相关专家和行政管理干部等组成评委会对环境影响评价报告进行审查。此时技术评估人员在该阶段就是作为公众中专业知识丰富的一部分人参与的，研讨环境影响评价报告存在的问题，保护敏感目标、弱势群体、保护环境等。对不合格的环评报告，责令环评机构进行纠正。另外，在建设项目其他阶段也存在向具有管理经验和熟悉拟建项目的专家进行咨询，请他们对工程有可能产生的环境影响进行评议，并落实在项目设计及建设过程中。

在流域规划、环境规划制定方面，专家咨询如何运作呢？首先，在召开规划方案评审、论证会之前，由规划管理部门在专家库名单中选取相应的专家，组织召开规划评审会议或论证会议。在规划评审会议或论证会议过程中，由规划设计单位作规划成果介绍，专家在听取意见之后，提出意见和建议。由规划管理部门相关工作人员做好记录，并在会后梳理汇总相关意见和建议，形成会议纪要，交由规划设计单位参考修改。修改稿经规划管理部门审核后，进入公示阶段。当前，规划决策机制在公众参与、专家论证、行政决策的三级体系中，主要起到了维护决策科学性的作用。[①]

---

① 金志光 . 上海郊区规划专家咨询机制运行的反思——以金山区为例 [J]. 上海城市规划，2008（增刊）：15-18.

4.1.6 公众投诉、举报

公众对环境事务和环境问题有质询、检举和控告的权利，这是相对比较主动的参与方式，也是公众主动监督的途径。

我国《环境保护法》第 6 条，一切单位和个人都有保护环境的义务，并有权对污染和破坏环境的单位和个人进行检举和控告。我国个人参与环境污染的纠纷解决模式主要有：通过诉讼手段救济、向环境行政机关进行举报。

在环境诉讼方面，主要可以分为环境侵权诉讼和环境公益诉讼。

2009 年出台的《侵权责任法》第 2 条规定："侵害民事权益，应当依照本法承担侵权责任。本法所称民事权益，包括生命权、健康权、姓名权、名誉权、荣誉权、肖像权、隐私权、婚姻自主权、监护权、所有权、用益物权、担保物权、著作权、专利权、商标专用权、发现权、股权、继承权等人身、财产权益。"《侵权责任法》目前主要保护人身权利和财产权利，不包括环境权利。即当公众的人身权利和财产权益因环境污染而受到侵害时选用民事诉讼程序进行环境侵权诉讼。

环境公益诉讼是指自然人、法人、政府组织、非政府非营利组织和其他组织认为其环境权即环境公益权受到侵犯时向法院提起的诉讼，或者说是因为法律保护的公共环境利益受到侵犯时向法院提起的诉讼。在环境公益诉讼中，原告提起诉讼的目的是为了维护环境公共利益（特别是生态利益），不是为了获得额外的私人利益。2007 年 11 月 20 日，贵阳市中级人民法院设立环境保护审判庭，清镇市人民法院设立环境保护法庭，宣称受理环境公益诉讼案件。2008 年，无锡市中级人民法院和昆明市中级人民法院相继成立环境保护审判庭，也宣称受理环境公益诉讼案件。2009 年 5 月 13 日，云南省高级人民法院宣称在全省范围内推行环境公益诉讼制度。无锡、昆明和贵州等地的法院迄今已受理了几起环境公益诉讼案件。[①] 但是，我国目前环境公益诉讼立法准备不足，环境公益诉讼的案例还不多。

随着公众对环境质量要求的逐渐提高，公众更关心自己周围的生活环境，公众对企业的违法行为深恶痛绝，在中国的东南部地区出现了很多举报违法排污行为，政府部门也对于这样的行为给予了很大的支持。例如，浙江省宁波市环保局就工业企业违法排污行为如何举报答复：环保部门实行举报有奖制度，群众可通过"12369"环保投诉热线举报工业企业违法排污行为，经查实将给予举报人一定的经济奖励。但投诉举报人要说明被投诉企业的地址、名称、污染情况，同时要留下自己的姓名、联系电话或手机等，便于环保执法部门及时查处、解决问题，环保部门会做好投诉举报人的保密工作。"12369"

---

① 王小钢. 论环境公益诉讼的利益和权利基础 [J]. 浙江大学学报 (人文社会科学版)，2011，41(3)：50-57.

环保热线，是环保部门连接公众的一个重要方式，主要受理辖区内各类污染事件的举报和投诉、公众的意见和建议，以及对环境执法人员违法违纪行为的举报，可以有效打击违法行为，提高环境执法效果。再如，苏州市居民对水环境状况日益关注，据悉，苏州市自 2001 年 2 月 1 日对市民举报环境违法行为实行奖励制度以来，广大市民的环境保护意识进一步增强，市民们纷纷踊跃参与，每年都有一批举报企业违法排污行为有功的市民获奖。2008 年，苏州市又有 36 位市民因为举报企业违法排污行为有功，获得了环保部门 500～2 000 元不等的奖励，奖金总额为 3.04 万元，所举报的 36 起企业违法排污行为，以废水偷排、直排、超标排放等居多。2009 年，广州市环保局出台《广州市公众举报违法向江河湖泊直接排放污水行为奖励暂行方法》，鼓励公众举报并予以奖励，举报的违法行为包括三大方面，一是逾期未拆除或封闭排污口的；二是逾期仍直接向江河湖泊排放生产废水和生活污水的；另外还包括擅自拆除、闲置污水污染防治设施。如若情况属实，举报的市民可以获 300～500 元的奖励，而且环保部门还承诺，会以"秘密"的方式给举报市民发放奖金，市民无须担心身份被曝光、遭受打击报复。

4.1.7 信访

信访制度是一种特殊的政府联系群众的制度，也是我国公民政治参与的渠道之一。《中华人民共和国信访条例》（2005）规定：信访，是指公民、法人或者其他组织采用书信、电子邮件、传真、电话、走访等形式，向各级人民政府、县级以上人民政府工作部门反映情况，提出建议、意见或者投诉请求，依法由有关行政机关处理的活动。目前，我国的信访制度按照"属地管理、分级负责，谁主管、谁负责"的原则进行管理。近年来，以解决纠纷为目的的信访案件大量涌现，信访的解决纠纷和矛盾的功能得到不断强化。

在环境保护方面，国家环境保护总局 2006 年第 5 次局务会议通过《环境信访办法》，并于 2006 年 7 月 1 日起施行。环境信访是指公民、法人或者其他组织采用书信、电子邮件、传真、电话、走访等形式，向各级环境保护行政主管部门反映环境保护情况，提出建议、意见或者投诉请求，依法由环境保护行政主管部门处理的活动。环境信访，作为信访中的特殊一种，可以为环境受害人提供较为便利的救济途径。环境纠纷的双方主体的地位不平衡，双方当事人之间往往存在着强弱之差，例如，当环境纠纷发生在企业与公众之间时，侵权者往往是具备一定经济实力和社会地位的企业或企业集团，有的因为经济发展的原因受到地方政府的扶持，而受害一方则是普通的公众，在技术、组织、社会地位、经济实力、信息占有等方面均处于明显的弱势地位。因此，受到权利侵害的公众往往要承担更大的解决成本和风险。在这种情形下，环境信访可以给处于弱势的受害人提供一种新的利益表达途径。

目前我国环境信访工作遵循下列原则：属地管理、分级负责，谁主管、谁负责，依法、及时、就地解决问题与疏导教育相结合；科学、民主决策，依法履行职责，从源头预防环境信访案件的发生；建立统一领导、部门协调，统筹兼顾、标本兼治，各负其责、齐抓共管的环境信访工作机制；维护公众对环境保护工作的知情权、参与权和监督权，实行政务公开；深入调查研究，实事求是，妥善处理，解决问题。

在环境信访程序方面，《环境信访办法》（2006）第 29 条明确规定："各级环境保护行政主管部门或单位对办理的环境信访事项应当进行登记，并根据职责权限和信访事项的性质，按照下列程序办理：

（1）经调查核实，依据有关规定，分别做出以下决定

1）属于环境信访受理范围、事实清楚、法律依据充分，做出予以支持的决定，并答复信访人；

2）信访人的请求合理但缺乏法律依据的，应当对信访人说服教育，同时向有关部门提出完善制度的建议；

3）信访人的请求不属于环境信访受理范围，不符合法律、法规及其他有关规定的，不予支持，并答复信访人。

（2）对重大、复杂、疑难的环境信访事项可以举行听证

听证应当公开举行，通过质询、辩论、评议、合议等方式，查明事实，分清责任。听证范围、主持人、参加人、程序等可以按照有关规定执行。

作为公众参与的途径之一，信访制度在运行中也存在一些问题，诸如信访制度与其他制度之间的相互协调和相互衔接不够、责任不明确、随意性较大等，影响了信访制度现实价值的发挥。

4.1.8　网络参与

目前，随着因特网的普及，网络已经成为一种新兴的公众参与渠道。各级政府开通的政府网站以及企事业单位的网站已成为环境信息公开和公众意见征求的重要渠道。通过政府网站，公众可以获得政府颁布的法律法规、环境政策、工作程序、环境标准等；通过企业的网站，公众可以了解企业的一些生产情况和排污情况，这些网站给公众提供了重要的信息，降低了公众获得信息的成本并提高了效率。此外，公众也可以通过网站留言板、电子邮件等渠道发表意见、提出建议。例如，在进行环境影响评价中的公众参与时，建设单位或者其委托开展环境影响评价的机构就会将环境影响评价报告的简本公布在网上，公众可以在线提出意见。

网络论坛与虚拟社区也越来越发挥重要的作用，它们给公民和团体发表言论、讨论

问题以及组织集体行动提供了新的平台。网络上各种主题的论坛，常常能够引导公众舆论、引起政府的重视。2011 年的 $PM_{2.5}$ 之争，就由于网络技术的发展，公众获得了美国驻华大使馆监测的 $PM_{2.5}$ 数据，并在社交网络（如微博）上进行了公众的热烈的讨论，并呼吁政府采取强有力的措施，这也引起了政府的重视，北京市政府拉开 $PM_{2.5}$ 治理大幕。此外，围绕一些特定的问题，公民也可以依靠网络自发地组织起来，甚至采取有效的集体的行动。

4.2 参与式方法

4.2.1 绘图类方法

绘图类工具是借助绘图方式的参与式方法，常用于项目设计阶段的基线调查、项目的社会影响分析和资源禀赋分析。对于水污染类项目，绘图类工具可以用来诊断小流域、社区及社区周边的污染源、污染源分布、水土流失情况、入湖污染物的追溯等。绘图类方法也可以用来分析公众的生产活动和社会经济特征。

（1）绘图类工具的特点

1）利用纸、笔、展示板等工具，直观表达，形象生动，有助于激励社区不同类型的公众的参与；

2）操作简单、灵活，但可以系统、直观表述复杂的调查内容；

3）信息含量丰富；

4）结果可以直接纳入设计报告作为后续监测评价的本地数据。

（2）绘图类工具的应用

1）社区资源踏察和社区资源图

在项目的设计阶段和基线调查中应用，其目的是：了解社区资源利用现状、诊断社区资源利用中存在的问题、寻找发展的资源潜力、确定资源的合理利用方案。对于流域污染治理项目，可以用绘图类方法来诊断面源污染的区域、诊断垃圾和生活污水的排放点和排污流向，也可以用来描绘流域内受到污染影响的社区和农户的位置及分布。

绘图类方法的步骤如下：

①组建社区踏察小组：邀请资深的 2～3 个村民或村干部组成联合踏察小组。

②选择踏察路径 / 断面：一般根据污染源走向、流域走向、社区地势等选择踏察断面和路径。

③社区污染源和社区资源禀赋的联合踏察：踏察中注意结合考察的重点问题（如水污染、水土流失等），进行现场观测，点、面的记录，提出问题，现场讨论，并标注可

能的治理措施和治理地点。

④社区资源图和水污染平面图和断面图的绘制。

资源／污染源分布图：绘制轮廓、标示道路、渠道、主要基础设施，用植被和作物示意图标示现有土地利用类型。特别关注：污染源，流动走向要用红色标记出来，居住社区的垃圾点，生活污水排放点，使用化肥较集中的蔬菜大棚，畜牧养殖点等，也应特别标注。容易受到污染影响的社区设施，如学校、水井、饮水点、卫生所、村委会均应标注清楚。标注图例，方位，绘图人，绘图日期。

断面图的绘制：断面的选择，踏察，记录，绘制断面图：地貌特征分类平地，坡地，山地，植被描述，土壤特征，土壤肥力，灌溉条件。特别关注：水土流失点，河流流向等，与污染物传递相关的设施应做特别标注。

⑤对社区资源和水污染源踏察结果的分析和解释。

⑥社区水污染状况的描述。

⑦社区排放到外部（太湖支流或直接入湖）的污染水情况。

⑧土地资源利用中存在的问题，水土流失，植被退化，林地退化等状况。

⑨社区内易受污染影响的设施、场所的描述。

⑩采取治理措施的地点、位置。

2）农时、农事活动季节历／太湖水污染季节历

做农时、农事活动季节历主要是为了分析劳动力的季节分布，比较男性和女性劳动力的劳动分工差别，特定时间的劳动强度，确定劳动力转移的潜力，确定项目活动的时间，比较分析劳动力资源配置是否合理。此外，根据作物施肥农事季节历，也可以判断流域氮、磷污染排放集中时间，为干预、监测时机的选择奠定基础。

所采用的步骤和方法如下：

①解释绘图的目的；

②讲解，演示方法；

③邀请采访对象或研讨与会人员绘图：横轴表示月份和时间，纵轴表示对应月份的劳动和其他生计活动，如果同一时间的劳动活动有迭加，可以用不同的柱形图表示。社区参与环保项目和污染治理项目的社会评估中，重点放在：集中施肥时间、集中病虫害防治时间、集中灌溉时间、地表水径流等信息；

④请绘图人对绘制的农事季节历、污染季节历作出解释／解读；

⑤调查小组分析季节历并得出结论：

男、女劳动力的劳动分工差别；

和水污染相关的农事活动及污染集中发生的时间；

实施集中治理和氮磷排放监测的时间安排。

3）社区大事记 / 流域污染年表

制作社区大事记或者流域污染年表的目的是为了配合现状和问题分析，追踪导致污染的历史原因和演变过程，从而预测今后的发展趋势和污染治理的干预的效果。

步骤和方法：

①解释并演示方法，绘制一个空白的矩阵图，第一列，表述年代，以 10 年为一个时间段，第二～第 N 列表述这个时间段发生的重大体制变革，重大污染事件，导致污染日趋恶化的社会，经济因素，如城镇化、工业化、人口迁移等重因素；

②讨论并在图上描述、比较过去 30 ～ 50 年中上述分析因子发生的重大变化，并得出导致污染日趋严重的主要因素及演化规律的结论。

4.2.2　打分排序类方法

（1）打分排序类方法概述

打分排序类工具是一种直观化、适合小组或群体参与的一种定性和定量分析决策工具。人类的治理环境行为是一种从问题诊断和现状分析入手，寻找解决问题的策略和行动方案，从而实现改善环境的逻辑理性过程。在整个理性决策过程中，需要不断地寻找导致污染、水土流失等发展综合症状的原因，并针对原因确定行动的优先顺序。

参与式打分排序，则为与问题症结相关的利益群体的参与提供了直观、互动的平台。作为参与式评估中最为常用的工具，该类方法可以帮助我们在实际操作中根据不同的项目类型、工作环境（时间、场地等）、工作对象等选择不同的排序工具进行灵活应用。其特点是快速、直观、易操作，其主要展示工具是矩阵表。

（2）打分排序类工具在流域污染治理项目公众参与中的应用

打分排序方法可以应用在污染治理项目和相关政策法规实施的以下阶段：

1）流域污染原因诊断阶段对污染原因的排序；

2）流域和水域污染导致的特定社会影响、环境影响的排序；

3）治理污染措施、对策，治理项目内容的选择和排序；

4）污染治理项目效果的评估阶段；

5）相关环保政策、法规的实施效果评价。

可以在以下调查中使用：

1）个体问卷的问题和措施打分排序；

2）小组访谈或污染治理社区研讨会。

（3）打分排序法应用案例

1）直接排序

用于参与对象数量较大的问卷和小组访谈中。其步骤方法如下：

①参与的协调人准备排序矩阵表，将需比较排序的内容用卡片写出；

②参与协调人解释需要排序的内容：

a）流域内不同社区氮、磷污染排放量的排序；

b）太湖蓝藻暴发的面源污染原因排序；

c）不同农事活动与氮、磷排放量的关系排序等。

③请社区代表、被访问人对给定内容的排序：

a）个体，请被调查人根据自己的权衡对排序内容进行简单的由上而下或从左至右排列；

b）小组／群体简单排序：给每个参与者一个排序表，或准备好一定数量的玉米粒或其他可记数的工具，让参与者根据自己的优先序列投放玉米粒。每一个对应的格内得到的玉米越多，证明群体对本项内容的选择越优先。

④归纳，统计分析排序结果，得出结论，拿出污染原因诊断或污染治理措施优先顺序表，作为公众参与治理项目决策的依据。如果必要，将排序结果在社区内公示，让没有直接参与的社区居民了解项目的优先干预措施。

案例：太湖蓝藻暴发与面源污染原因的排序

2007 年 5 月，太湖蓝藻暴发，导致无锡等城市居民的饮水污染。科研人员对蓝藻暴发的面源污染进行诊断，在社区内，采用公众参与方法诊断原因，可采取如下方法：

表 4-7　太湖蓝藻暴发污染原因社区居民的参与式排序

污染源	居民 1	居民 2	居民 3	居民 4	居民 5	居民 6	居民 7	结果
水产养殖饵料	4	1						
使用化肥	3	5						
使用农药	5	6						
畜牧养殖粪便排放	1	2						
社区垃圾，污水排放	2	3						
工业企业污染	6	4						

以上表格统计得到的分值越小，证明该项污染源与太湖蓝藻暴发的关系越密切，该项治理措施在综合治理中的优先地位越高。

2）打分排序

即根据调查对象对调查内容重要性，关联程度判断，给出特定的分值，根据统计后得到分值，判断公众对污染原因和治理措施的选择偏好，排出顺序。可用于问卷调查，也可用于小组访谈或社区参与式研讨会。步骤如下：

①准备矩阵表，列出需打分排序的内容；

②解释需排序的内容；

③请参与人根据个人的经验，对提出的相关污染原因或治理措施对治理效果的关系赋予1～5分的分值，效果越好，分值越高；

④统计打分排序结果，得出结论。

表4-8　案例　太湖流域面源污染治理措施打分排序

治理措施	居民1	居民2	……	居民N	得分
配方施肥，降低氮磷排放	4	3			
集约化养殖，家畜粪便处理	5	4			
社区生活污水治理设施	5	5			
禁止太湖网箱养鱼，水内部循环池塘养殖	3	1			
……					

结果的解读：

①分值：1～5分，分值越高，表明居民对该项措施的效果认知越高，反映了被调查者对该项措施的偏好；

②可以采用投放玉米粒的方法打分，统计每个各种的玉米数量，数量越大，证明社区居民对这个排放的污染治理措施的选择偏好越高；

③在考虑技术，经济可行性前提下，公众选择偏好高的治理内容，应该作为治理优先项目。

表4-9　案例　工业建设项目污染社会影响打分排序

影响	居民1	居民2	居民3	……	居民N	结果
健康影响						
噪音污染						
空气污染						
收入影响						
整体发展水平的制约						
社区生活环境的影响						

结果的解读：

①平均分值越高，证明该项污染对居民的影响越大；

②政府对该项目的干预应以公众社会影响分析结果为依据；

③本结果也应是环境影响补偿谈判的依据。

4.2.3 分析类工具／方法

如前所述，目标群体，社区居民的参与过程，是对现状和对未来发展措施和目标的理性分析和决策过程。然而，在资源管理、社区发展、环境污染治理、水污染治理项目设计阶段，往往会遇到复杂的社会经济、文化、生计模式、政策、体制等诸多因素的交叉影响，给项目的设计者和社区的参与者带来挑战。分析类方法，为系统诊断这些问题并提出解决问题的方案提供了一套灵活的工具。

分析类工具以系统内在逻辑为基础，如因果关系、时序关系、整体 - 局部关系、手段 - 目标关系、行动与结果的关系等，在参与协调人（Facilitator/Moderator）的协助下，为相关目标群体的参与提供了方法平台。

（1）分析类工具的特点

1）分析类工具多为定性决策工具，便于群体参与；

2）借助展示类工具，效果直观；

3）适合不同文化水平的对象参与；

4）运用逻辑分类，对比，决策和选择比较理性；

5）清楚体现目标群体及项目各参与机构的目标、责任、利益等；

6）为参与群体提供决策、利益谈判、互相沟通的机会。

（2）分析类工具的应用

1）问题分析（问题树）

问题分析是采用直观展示方法，以"负面描述"的方式描述项目区域，社区，特定的利益群体及与项目相关的政府机构和部门现状的分析工具。适合于应用在社区内居民的小组访谈，社区内特殊利益相关人的访谈，妇女访谈等环节中。

问题分析作为公众参与的有效工具，可以应用到：

①流域污染治理项目设计阶段流域内污染源，特别是流域、社区范畴内面源污染的社会、经济、文化等原因诊断中；

②企业、社区等点源污染的识别和原因诊断；

③分析诊断导致面源、点源污染的政策和体制原因及制约治理效果的政策体制原因的诊断；

④制约环保和水污染治理公众参与的原因诊断。

问题分析的步骤和方法：

①支持协调人提出"核心问题"：结合太湖流域污染治理面临的问题和挑战，可以以"太湖水环境面临着蓝藻暴发的威胁"作为核心问题的描述，放在展示板的中央位置；

②采用"集思广益"写卡片的方式，请社区内的参与者以问题描述的方式，罗列导致太湖水环境污染的直接原因和污染的后果；

③主持人帮助对参与者提出的问题和原因进行分类，同一类的问题，放在展示板的一个集中区域，得到若干个问题领域；

④在问题分类的基础上，建立这些问题领域与核心问题描述的因果关系，如果是导致蓝藻暴发的"原因"，则放在核心问题的下方，如果问题的描述是由于核心问题存在导致的"后果"，则将这些描述放在核心问题的上方。这一步分析的结果，构成了以核心问题为主干的"问题树"，其根部的原因是"树根"，其上部的后果是"树冠"；

⑤寻找更深层次的问题，审查问题树"原因 - 后果"的逻辑完整性，加以补充，最后用逻辑关联线表述"因果"关系，形成完整的"太湖流域水污染问题树"，作为选择水污染治理项目干预内容的依据。

2）太湖流域污染治理项目相关利益群体分析

①方法概述

相关利益群体分析是一种确定项目全过程中所涉及的相关各方（利益群体）并明确他们在项目中的利益、兴趣、权利、义务，从而使项目能够更加有效地运作的方法和过程。项目相关各方指一切能够对项目或被项目施加影响的个人、团体、机构、政府部门、非政府组织、目标群体（项目户）、其他群众（非项目户）等。

②方法的应用

在任何一个涉及多方参与，或污染治理项目涉及特定的社会群体时，项目中都有必要运用参与者 / 参与机构 / 权益人分析，其主要目的为：

a）识别导致流域或社区水环境污染的社区、企业、特定类型的农户及其在产生污染中的责任；

b）识别受到流域污染影响的社区和农户及城市社区的居民；

c）识别特定群体在水污染治理中的作用和责任；

d）分析特殊群体对治理措施的态度和利益预期；

e）为可能出现的由于经济利益、资源归属等问题而在项目各参与方之间的矛盾建立一套预警系统——在矛盾出现前加以解决并降低其可能带来的损失；

f）为参与各方在项目规划和实施过程中的谈判、磋商、达成共赢的合作机制奠定基础；

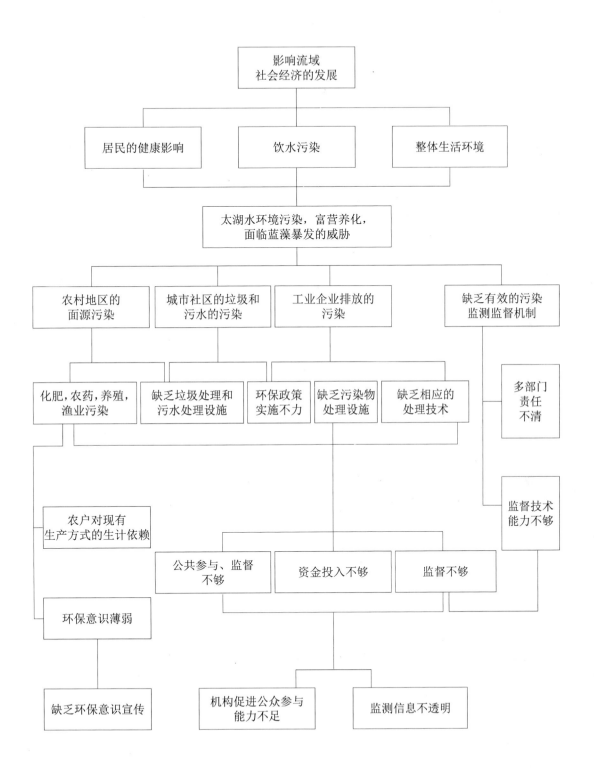

图 4-2 太湖流域水污染治理项目问题分析参考案例

g）更加合理地分配有限的项目资源所能产生的社会影响并使之具有可持续性。

③相关利益群体分析的操作步骤和方法

a）准备利益群体分析 5 列矩阵表；

b）采用集思广益方式，邀请与会者根据太湖流域污染治理计划涵盖的治理范围和问题分析的结果，列举出所有与污染治理项目有关的各利益群体包括项目范围内的非目标群体（普通农户）、目标群体（项目农户）、各级政府职能部门、项目管理机构、出资方等；

c）对第一步得到的相关利益群体分类，并纳入矩阵表的第一列；

d）分析确定每一个利益群体在污染治理项目中的责任和职能，填入矩阵表的第二列；

e）分析确定，治理措施对该群体产生的影响，该群体对治理措施的预期和期望（希望获得的利益及项目带来的积极影响）， 填入矩阵表第三列；

f）分析确定消除由于污染治理导致的生计，社会负面影响的措施，填入矩阵表第四列。

表 4-10　太湖流域治理项目利益群体分析

相关群体	作用职能	项目的影响／利益预期	保证参与，消除冲突的措施
政府机构			
科研机构			
社区			
农户／社区居民			
企业／投资者			
环保民间组织			
公共媒体			

④注意事项

a）进行参与者／参与机构／权益人分析对主持人操作技巧要求较高，需要在讨论中不断地对过程保持敏感，注意引导各方的意见表达；

b）涉及利益及资源分配往往是比较敏感的话题，在邀请各方代表时，最好能获得不同机构主管官员、领导的认同，否则不能容易地获得各参与方对项目的承诺；

c）整个讨论过程应保持透明、公开并紧紧围绕项目及其相关影响展开；

d）讨论的最终目标是在对项目达成良好共识的基础上获得各方对项目的承诺。

3）项目干预措施的 SWOT 矩阵分析

优势劣势——机遇风险（根据英文 Strength-Weakness-Opportunity-Threat 的缩写 SWOT，简称斯沃特）分析是矩阵分析类方法中的一种，主要应用在污染治理项目的社区设计阶段，即治理目标、治理途径、治理措施和内容的界定阶段。其具体方法是以一个四列多行的矩阵表为框架，对流域和社区面源污染治理项目面临的内部和外部条件，可控和不可控因素进行系统的分析，为制定面源污染治理项目（包括机构能力建设和公众环保意识）计划，制定行动方案提供分析依据。

①应用

SWOT 作为参与式分析的有效工具，实践中可以用于如下领域：

a）社区参与式评估中的村级研讨会或小组讨论，在主持人的协调帮助下，农户对自身和社区参与面源治理项目面临的现有优势条件，限制因素，面临机遇和外部条件及可能出现的风险因素和制约因素进行系统的讨论，为形成社区参与的面源污染治理项目行动方案奠定基础。

b）参与式项目战略规划。在项目的基线调查和可行性研究阶段用于筛选项目内容和确定项目的实施方案。

c）参与式机构发展规划。机构支持和机构能力建设项目中用来分析机构的人力、设施和管理等方面的优势，弱点，发展机会和潜力及发展中面临的制约和风险因素，进而提出机构发展建议。此外，SWOT 也可用于部门、机构的管理现状分析。

d）实施和评估过程中的现状分析。为项目方案的修订和调整提供信息。

SWOT 分析法通常用于小组讨论，也可以用于个体采访。方法的主要应用者为社区居民，社区干部和与面源污染治理项目相关的政府部门，技术部门和农业推广人员。所需的辅助材料比较简单，只需大开牛皮纸，白板笔，也可以使用村头黑板报或墙报。本方法便于村级调查时使用。

②操作步骤

a）准备多行 X4 列的 SWOT 分析矩阵表，并对每列的内容加以解释：优势、缺陷／劣势、机会／潜力和风险／制约；

b）将问题诊断过程中确定的治理面源污染的措施纳入 SWOT 矩阵表的第一列：

■畜牧养殖污染源的治理；

■农业化肥的污染治理；

■社区垃圾和生活污水的污染治理；

■水产养殖污染的治理。

c）从社会、经济、技术、资金、资源、生计、政策等角度分析实施以上治理内容面临的：

■机会，有利条件（现有的）；

■制约和不利条件；

■面临的可能的机会。

d）根据分析结果，对提出的面源污染治理措施及政策的可行性做出结论。

表 4-11　流域面源污染治理项目 SWOT 分析案例

项目内容	优势	劣势	机会	风险
农业化肥污染治理				
水产养殖对水面污染的控制				
个体养殖污染的控制				
社区污染排放的治理				
企业污染的治理				

4）项目干预措施的可行性矩阵分析

①概述

通常的项目措施的可行性分析，是由参与项目设计专家和项目的评估专家来负责的，社区居民和一般的公众是不参加项目的可行性研究的。项目干预措施的可行性矩阵分析同样也是以矩阵表作为可视工具，为与项目干预措施相关的不同社会群体的参与提供互动平台。

可行性矩阵分析可以在项目设计的社区调研阶段，项目规划阶段的多利益主体的磋商谈判阶段应用。应用中，必须有协调人提供互动参与的主持和协调。实际应用过程中，可以和 SWOT 分析交叉使用。

②操作步骤和方法

a）准备一个多行 5 列的分析矩阵表，将可行性分析的视角，如社会可行性、经济可行性、技术可行性、生态可行性、市场可行性等填入矩阵表的第一行，并加以解释；

b）将问题诊断过程中确定的治理面源污染的措施纳入可行性矩阵表的第一列：

■畜牧养殖污染源的治理；

■农业化肥的污染治理；

■社区垃圾和生活污水的污染治理；

■水产养殖污染的治理。

c）邀请参与人从社会、经济、技术、生态、市场等多个角度，对提出的污染治理措施进行可行性分析；

d）根据分析结果，对提出的面源污染治理措施及政策的可行性做出结论。

表 4-12　流域面源污染治理项目内容可行性矩阵分析

项目内容	社会可行性	经济可行性	技术可行性	生态可行性
农业化肥污染治理				
水产养殖对水面污染的控制				
个体养殖污染的控制				
社区污染排放的治理				
企业污染的治理				

4.3 公众参与方法应用过程中的主持和协调

以上介绍了促进公众在流域污染治理项目和工业建设项目社会影响评估和环境影响评估的参与式方法。为保证这些方法和工具使用的实际效果及得到的结果在设计规划流域污染治理项目中直接采纳到项目设计文件中去，需要对公众参与的过程进行主持、辅导和协调。这些方法往往在多个居民和利益主体参与下的小组访谈和社区参与式项目规划研讨会上应用，要保证不同利益主体的平等参与，在污染治理措施选择，治理的战略途径选择，补偿措施的谈判中达成共识，必须有协调人的辅助。

（1）小组访谈和研讨会的主持人职责

主持人的主要任务和职责如下：

1）访谈和研讨的准备

设计、准备小组访谈和规划、磋商研讨会的议程、内容，保证多利益主体达成共识的参与 / 主持的策略和方法（参与式工具和方法的选择）。

2）公众参与过程中的协调

主持人在小组访谈和研讨会中的职责：

①提出需要讨论、磋商或谈判的议题或问题，并作系统的解释，保证所有参与人对参与内容的准确理解；

②帮助、协助不同的利益群体（不同部门，层次，社区，流域，不同类型的居民和农户）整个研讨、磋商和谈判的过程，在发生利益冲突时，帮助寻找利益衔接点，帮助不同利益方拿出各方满意的可行结果；

③协助不同利益群体就项目内容、资源、资金的分配、公共基础设施的位置选择等重要事宜达成共识；

④调动社区代表，特别是女性和受到流域污染负面影响或受到治理措施影响的居民的参与讨论、谈判和决策过程；

⑤通过书写卡片、书写活页板、画示意图等方法展示研讨内容。

3）系统整理访谈和研讨结果，纳入污染治理项目设计文件中去

（2）主持人主持中角色及遵循的原则

1）基本角色定位：是研讨和决策的辅导者，而不是决策者；

2）专家角色的"冻结"：您如果想做主持人，必须暂时"冻结"作为规划专家的角色，保持对项目和研讨内容的中立态度；

3）不能发表带有个人选择倾向的评价意见；

4）不能刻意诱导，使研讨向着个人预期的结果；

5）不能对发表意见的与会者作出损伤其参与积极性的评价：诸如"你怎么会提出这样的问题"、"这个问题与我们讨论的主题根本不相关"；

6）学会倾听，不要利用主持人的权威，过多地发表自己的看法和意见；

7）注意调动弱势群体的参与，如对贫困户代表和妇女代表的参与特别关注。

（3）对主持人能力的要求

1）必须掌握主持多利益群体参与的方法和技能，需经过参与式主持方法的培训；

2）系统分析能力和逻辑归纳能力；

3）良好娴熟的团队沟通能力，团队工作组织策划和实施能力；

4）处理冲突的策略和协调能力和经验；

5）熟练掌握本章介绍的所有参与式工具的使用能力和技巧；

6）直观表达，图表的设计，解读和使用能力；

7）系统理解、了解流域污染治理项目区域的污染和社会经济的基本状况；

8）系统理解流域污染治理项目的基本框架，项目设计的任务书。

第5章 公众参与的程序

程序和契约是现代社会得以形成的两项基石，程序是社会发展的焦点。在一定条件下将价值问题转换成程序问题来处理是打破公众参与发展僵局的一个明智的选择。在健全的公众参与程序下，相关利益方有法定的渠道表达利益诉求，通过充分的沟通、讨论，保障公众的知情权、参与权和救济权，从而有效弥补行政手段和市场手段的不足。公众的环境意识、参与意识以及参与能力能潜移默化地得到改善，促进环境友好型社会的建设。

5.1 参与前

公众参与的过程应该是一个完整的过程，涉及参与前的准备工作，参与过程中建立良好的对话和沟通渠道，避免出现严重的冲突和参与后的反馈和评估。参与前的准备工作很大程度上影响了公众参与的效果，因此在参与启动前设立明确的参与的计划和安排，包括成立专门的负责公众参与的小组、设立明确的目标、识别利益相关者等。

5.1.1 成立一个专门的负责公众参与的小组

团队支持和指导是整个参与过程的重要组成部分。团队能够比单独的个人提供更加有深度和广度的观点和多种多样的方法，而且能够分担工作任务，使参与工作能够更加有效地进行。此外，如果参与的目的是带来一些改变，直接参与的人即团队里的公众更容易接受这种改变。比如，在组织公众参与农村面源污染控制过程中，组织的团队引导公众在生产和生活中改变自身行为，组织者自身更容易使用环境友好的行为。因此可以说有专门的团队来组织公众参与是有着很大的优越性的。

那么，专门的团队如何组成呢？小组成员可以直接从大的项目组成员中抽出，比如开展建设项目环境影响评价公众参与的团队可以从环境影响评价编制单位的成员中抽出；也可以从外部组织起来，比如在一个社区中，可以由社区的几个成员组成专门的小组开展本社区成员的参与。如何选择取决于项目所需要的专业知识和技能，而且在参与过程中每一个阶段的工作任务和所需的技能可能发生变化，因此在过程中小组成员可以改变，而且要综合考虑成员的经验和技能的范围（比如，对参与过程的熟悉程度、对当地的了解等）。

在组织工作中，专门负责公众参与的小组成员应有明确的分工，既明确需要独立负责的工作也要明确相互配合的事项，例如商议目标、具体计划等，必要时还可以开展公众的相关培训。

5.1.2　设立明确的目标

公众参与并不是盲目的，在一开始就应当在充分了解将要开展的活动的基础上设立明确的目标，比如让公众充分表达诉求、决策者获得充分的信息、要达到怎样的磋商结果等，然后根据设立的目标来确定哪些人参与、参与水平、如何充分参与等，提高参与效率。

5.1.3　公众参与的范围界定

公众参与的范围十分广泛，涉及政治、经济、文化、社会等多个领域，在不同领域中又包含多个方面，例如在政治领域公众参与就涵盖了立法、行政、司法等多个方面，在社会文化经济领域又包含公众参与环境保护、参与社区治理等。对于不同的项目来说，公众参与的范围总是不尽相同的，因此应当根据项目的目标和特点确定公众参与的范围。

5.1.4　识别利益相关者

利益相关者的识别和分析对整个计划过程的重点，如何有效地选择公众代表是决定公共参与效果的重要因素。了解利益相关者之间的关系更有助于实现参与的目标，那么哪些人应参与呢？主体是谁？主体的范围？参与权利的运行的具体阶段？《中华人民共和国环境保护法》第6条规定："一切单位和个人都有保护环境的义务，并有权对污染和破坏环境的单位和个人进行检举和控告。"《中华人民共和国环境影响评价法》（2002）第5条："国家鼓励有关单位、专家和公众以适当的方式参与环境影响评价。"《环境影响评价公众参与暂行办法》规定："被征求意见的公众必须包括受建设项目影响的公民、法人或者其他组织的代表。"从上述的规范文件来看，我国有权参与环境管理过程的主体有公民、专家、团体、单位等。

在界定公众的技术层面，美国学者托马斯[1]认为有两种途径：自上而下和自下而上。自上而下是指决策者对参与的公众进行公平有效的选择：哪些公众可能受到影响、哪些公众可能对项目感兴趣；自下而上是指由公众自己选择是否参与，在高度持续性的参与过程中逐渐表现其性质和意愿，大多数公众之所以参与可能是与项目有着某种利害关系，

---

① [美] 约翰·克莱顿·托马斯. 公共决策中的公民参与：公共管理者的新技能与新策略 [M]. 孙柏瑛译. 北京：中国人民大学出版社，2005.

这种利害关系比较宽泛，可能是经济性的，也可能是观念上的，比如维护自身权益也是公众参与的一个根本动力。因此，参与的公众并不是一个抽象的整体，根据项目的特点，确定适当的参与者。

有效的公众代表能够全面真实地反映公众的不同利益诉求，无效的公众代表可能会成为某些利益集团争取决策资源的工具，完全偏离公众利益。在确定参与的主体时应考虑以下因素：

（1）公共事务的层次。在不同的决策中，利益相关主体的界定范围也不同。宏观的战略性层次的决策（如流域规划、制定环境标准）涉及的利益主体是流域中的居民。该决策可以说与整个区域中的每一个个体都有利益联系。由于利益相关者数量巨大，且每一个体维护自身利益的同时也能以反射利益的方式为其他利益主体所获得，因此，参与宏观的战略性的项目的利益主体应尽可能界定为组织形式的主体，如以社区代表、企业代表等。而在微观层面，所涉及的利益主体指向性比较明确，而且与特定公众的利益相关性特别大，因此此时参与的利益主体可以界定为决策事件直接影响的区域内的主体。

（2）公共事务的紧急性。紧急的事务的参与人员的确定不宜过分追求广泛性和全面性，可以在规定的时限内通过科学的方法进行选择，因为对于政策制定来说，过于广泛的撒网会造成不必要的复杂化。而对于不紧迫的公共事务来说，在较大范围内充分协商。

（3）内容的专业性。在某些特定的方面，对专业性和技术性要求比较高，在确定参与者时，对于相关专业的公众应予以倾斜，普通公众由于缺乏专业化的知识和技能，可能提出不符合科学和标准的建议。

（4）利害影响的相关性。可以将利益相关者分为直接相关者和间接相关者。一般而言应坚持直接利害关系、法律利害关系优先的原则确定参与主体，人员众多可以由其选举或者行政机关依照申请顺序确定，且应保证受不利影响的公众和有利影响的公众在比例上保持相对的均衡。对于没有直接利害关系人的决策，可行的办法是行政机关发布公告，公众皆有参与的机会，当然仍应维持各阶层比例的均衡，人数较多可依前述方法确定。

下面以水污染事件为例确定利益相关者：

（1）直接参与者

1）周边社区的代表：是公众参与的主体，包括主要项目建设点周边社区每个社区的村干部和村民／居民代表；

2）直接排放污染物（点源污染和面源污染）的农户和经营者，如大棚蔬菜种植户，畜牧养殖农户，养鱼户，从事餐饮业生活垃圾排放经营者，工业项目的投资者，其他污染物的排放者；

3）可能直接受到环境和社会负面影响的农户、村组的代表，由于污染治理而需搬迁，改变生计模式，短期收入受到影响的农户和个体，如妇女、儿童、学生等。

（2）公众参与的促进者

1）环保局，污染监测和行政执法；

2）其他政府部门，如水务局、畜牧局、农业局、水产局、市政、工业局等与点源和非点源污染源相关的部门；

3）社评承担单位（Institution commissioned to conduct the SIA），具有环评和社评资质的大学、环保研究机构或事业单位；

4）环保民间组织（NGO representatives）：国家和地方的民间环保组织，如无锡市的环保协会，环保人士，环保志愿者等；

5）公共媒体：环保网站互联网，电视，报纸。

5.1.5 风险管理

公众参与的过程总是存在不能达到目标的风险，这与在参与过程中参与者没有按照要求去做等有关，防范这一风险的策略之一就是让最主要的利益相关方参与其中。

5.2 不同层次的公众参与过程

欧洲学者率先提出了不同层次的公众参与模式，1971 年 Sherry R. Arnstein 在美国规划师协会杂志上发表了著名的论文《市民参与的阶梯》（A ladder of citizen participation），将公众参与分为 3 个层次 8 种形式（图 5-1），最低层次是"非参与"，由两种形式组成，分别是"操控"和"引导"，其中最低形式是"操控"，即一些政府机构事先制定好方案，然后让公众接受方案；第二层次是"象征性参与"，包括："告知"、"磋商"和"劝解"；最高层次是"市民权利实现"，包括"合作"、"代表性参与"和"自主管理"，其中最高形式是"自主管理"，即市民直接掌握方案的审批管理权利。"市民参与阶梯"理论为衡量改造过程中公众参与成功与否提供了基准。

研究小组在此基础上提出了五种层次的公众参与，即信息公开（Provision of information）、意见征求（Consultation）、参与式（Involvement）、参与决策（Collaboration）、自主管理（Empowerment），对于不同层次的公众参与来说，期望所得到的公众联系、目标水平、公众参与的难度、参与的方式、参与所需的能力都是不一样的。期望所得到的公众联系是随着程度的增加而提升的；在信息公开层次，对反馈的没有要求，公众自身对公共事务的影响程度较低，而在自主管理层次，公众参与度最高，公众的影响也是最大的。随着层次的升高，参与难度也越来越大。

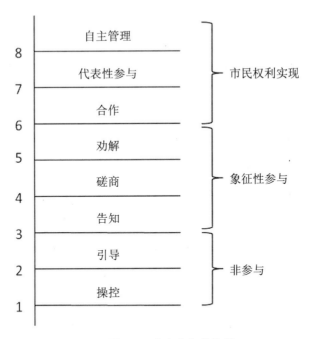

图 5-1 公众参与的阶梯

此外，公众参与的方式在不同层次也不尽相同。例如在信息公开层次，可以通过发放传单、媒体宣传、公众会议等让公众知晓；在意见征求层次，通过圆桌会议、听证会等开展公众磋商；……而且，参与方式的选择与社会文化、环境因素等有关，例如需要参与者读或写的就必须要考虑是否有文盲的参与，在农村等媒体欠发达的地区要尽量避免使用网络进行信息公开。

公众参与的效果很大程度上取决于参与过程，参与过程必须要透明公开、公平公正、让公众充分发表见解，公众参与要体现广泛性和民主性，要多考虑公众自身的需求和利益，不能忽略弱势或少部分群体的利益。

5.2.1 信息公开

信息公开是公众参与最低的层次，同时也是整个公众参与过程的基础。该层次的目标就是向公众提供客观信息，为公众增加对问题及解决方案的理解、增加公众识别问题的能力。该层次的工作主要是政府和企业向公众进行单向的信息传递，反馈和磋商较少。

信息对于公众的重要性源自于公众对自己利益的表达和关注，公众只有充分掌握信息之后才能了解政府的决策和措施，然后才能有效地参与活动。信息公开透明是公众参与能够进行的前提。

环境信息公开通过各种媒介将环境行为主体的有关信息进行公开，通过社区、公众和媒体舆论，对污染行为主体产生改善其行为的压力，从而达到保护环境的目的。2008年5月1日起正式施行的《环境信息公开办法（试行）》强制环保部门、企业向公众公开重要的环境信息，对公众获取环境信息起到很大的促进作用。这是继国务院颁布《政府信息公开条例》之后，政府部门发布的第一部有关信息公开的规范性文件，也是第一部有关环境信息公开的综合性部门规章。

目前我国的环境信息公开主要有：环境状况公报，包括国家环境状况公报和各省市的环境状况公报。由各级政府环境管理机构根据《中华人民共和国环境保护法》向全社会发布，一般为每年1次，主要内容包括环境质量状况、环境建设情况、污染防治和生态保护、环境保护工作进展等方面；地区或流域环境状况公报，主要是针对国家进行环境管理的重点地区和流域发布的环境状况报告，其主要内容包括该重点地区的环境质量状况、环境治理进展情况和环境保护工作情况等；空气环境状况周（日）报，目前主要在我国的直辖市、省会城市和重点城市开展，对每周（日）的空气环境质量状况以空气质量指数的形式进行公告；企业环境信息公告，主要包括各地实施的先进企业评比、环保目标责任制考核、污染源达标、污染限期治理和公众参与等。[①] 此外，还有向社会公示国家环保模范城市、环境友好企业等环保创建的评审、复查结果，曝光典型环境违法案件，实行"区域限批"政策，质量信息公开评价报告，公布绿色 GDP 核算结果等，初步建立了公众与政府信息互动的制度和工作机制。

（1）政府信息公开

政府信息是指各级人民政府及其职能部门以及依法行使行政职权的组织在其管理或提供公共服务过程中制作、获得或拥有的信息。

政府信息公开是指国家行政机关和法律、法规以及规章授权或委托的组织，在行使国家行政管理职权的过程中，通过法定的形式和程序，主动将政府信息向社会公众或依申请而向特定的个人或者组织公开的制度。[②] 政府信息公开也是民主的前提，是公正的保障。

信息公开制度是直接决定公众参与能够真正形成的核心因素，没有相应的信息，公众的参与就无法有效地进行，可能会导致盲目的参与。信息的公开程度和获取信息的途径直接影响到公众的参与兴趣和效果。政府信息客观地、充分地公开不仅可以帮助公民对行使权力的整个过程予以全面的监督和客观评价，有利于公民和政府之间进行对话，有助于政府接受民众的监督。

2003 年，国家环保总局发布《环保部门政务公开管理办法》，规定了环保政务公开中涉及污染企业的信息：项目环评审批、竣工验收、环评资质认可及其他环保审批、审

① 曹东、杨金田、葛察忠．环境信息公开——一项新的环境管理手段 [J]．环境科学研究，1999，12（6）：1-3.
② 刘恒，等．政府信息公开制度 [M]．北京：中国社会科学出版社，2004：2.

核、核准、备案情况；排污费征收的项目、标准、范围、依据、程序和使用情况以及处罚的依据、标准和执行情况；环境处罚案件、复议案件和环保执法检查情况。2007 年，国务院发布《政府信息公开条例》。国家环保总局随后发布《环境信息公开办法（试行）》，规定了应当主动公布的 17 类政府环境信息。2008 年，环保部发布了《信息公开目录》和《信息公开指南》。

根据《政府信息公开条例》的规定，政府信息的构成主要包括以下几个部分：信息源、接受者、信息的内容、表现形式、传输的途径。

1）信息源：主要是指掌握各类信息的机关。

2）接受者：公民、法人和其他组织。

3）内容：政府信息，是指行政机关在履行职责过程中制作或者获取的，以一定形式记录、保存的信息。行政机关对符合下列基本要求之一的政府信息应当主动公开：涉及公民、法人或者其他组织切身利益的；需要社会公众广泛知晓或者参与的；反映本行政机关机构设置、职能、办事程序等情况的；其他依照法律、法规和国家有关规定应当主动公开的真实客观的信息。

4）表现形式：信息的形态有 4 种：数据、文本、声音、图像。

5）传输途径：行政机关应当将主动公开的政府信息，通过政府公报、政府网站、新闻发布会以及报刊、广播、电视等便于公众知晓的方式公开。

2008 年开始就已经有一些研究机构开展了关于政府信息公开评测指标体系的研究，以对政府信息公开程度和行政透明度进行科学化、指数化、常态化的评价。2009 年发布《中国行政透明度报告（2009 年度）》，此后又发布《中国行政透明度报告（2010—2011 年度)》，该报告是由北京大学和多个科研机构联合完成的透明度报告，评测对象共计 191 个，包括 43 个国务院下设机构、30 个省级行政单位、部分地级行政单位和部分县级行政单位。评测打分项目是组织配套、制度配套、主动公开、依申请公开、监督救济五个方面。

（2）企业环境信息公开

企业环境信息公开能够加强公众、舆论对企业环境治理的监督，有效推动企业污染减排的进展。我国从 1999 年开始企业环境信息公开的研究和探索。企业环境信息公开就是把企业的各种活动对环境产生的影响信息及环境活动对企业财务、经营方面产生的影响信息，通过一定的媒介向社会公众发布。企业应该公开的信息包括：企业环境保护方针，年度环境保护目标及成效，资源消耗总量，环保投资和环境技术开发情况，排放污染物种类、数量、浓度和去向，环保设施的建设和运行情况，企业在生产过程中产生的废物的处理、处置情况，废弃产品的回收、综合利用情况等。

企业为什么要提供环境信息呢？因为企业只有被社会相信其经营价值系统与社会的

价值系统相符合时才能继续存在作为社会成员的一分子，公司在进行长期投资决策时有责任考虑环境因素，同样也有责任将环境信息提供给社会其他成员。同时由于环境责任的存在，阅读环境信息的人应被告知：履行该责任的计划如何、成本可能有多大以及成本如何计量等方面的详尽信息。此外，为了保证投资者进行正确的判断和决策，企业也有义务向其提供有关经营状况和结果的所有信息。这其中包括对企业经营活动有影响的环境方面信息。尤其对那些具有社会和环保意识的投资者来说，环境信息可能会更加重要，会直接影响其对企业的投资欲望和兴趣。因为这些投资者不仅考虑环境因素对公司经济利益的影响，而且看重环境因素对社区公众所带来的影响。

近年来，一些地区用颜色对企业环境行为进行综合评价定级，按照企业的环境表现，评价结果通常分为很好、好、一般、差和很差，并以绿色、蓝色、黄色、红色和黑色五类颜色标识（其中绿色代表环境表现最好，黑色代表最差），然后将分级结果通过各类媒体向公众公开，公众一目了然。企业环境信息公开使得市场、公众、投资者等利益相关方了解企业的环境表现，从而通过各种途径对环境表现差的企业施加压力，促进其改善环境表现。其中绿色代表企业的环境行为很好，依次类推，蓝、黄、红、黑分别代表好、一般、差和很差。企业达到国家或地方污染物排放标准和环境管理要求，通过 ISO 14001 认证或者通过清洁生产审核，模范遵守环境保护法律法规的为绿色；企业达到国家或地方污染物排放标准和环境管理要求，没有环境违法行为的为蓝色；企业达到国家或地方污染物排放标准，但超过总量控制指标，或有过其他环境违法行为的为黄色；企业做了控制污染的努力，但未达到国家或地方污染物排放标准，或者发生过一般或较大环境事件的为红色；企业污染物排放严重超标或多次超标，对环境造成较为严重影响，有重要环境违法行为或者发生重大或特别重大环境事件的为黑色。

企业环境信息公开离不开公众的推动和监督，而且公众的环境意识对国家和企业环境政策的制定有着强烈的影响，从理论上说，政策是公众意志的体现。公众参与包括促进与监督两层含义。首先，公众特别是行业协会比如企业社会责任研究会、NGO 以及新闻媒介等参与企业环境信息的实践中，能够形成一种社会氛围，也形成一股促进企业环境信息公开的力量；其次，公众更多地参与环境信息公开，使公众也更清楚地了解企业环境保护的建设状况，企业做得不够的地方，公众可以进行监督和揭发，对环境信息公开工作做得好的企业进行表扬，对环境信息公开工作做得比较差的企业也要进行不折不扣的批评和谴责，敦促企业完善相关的工作。

如何有效地进行信息公开呢？

首先，识别信息公开的对象即信息的接收者。一般来说，该层次的主体可以是普通公众也可以是主要的利益相关者。

其次，选择合适的环境信息公开方式。合适的方式应当是信息接收者最为高效、便捷地获得信息的方式。环境信息公开根据其公开的方式不同可分为报纸、广播、电视、网站等，例如在流域管理方面，流域管理机构和企业应定期通过电视、网络、广播、宣传栏、公告等方式向公众公布流域水环境质量、治理情况、流域管理的方针政策、企业排污情况等，提高流域水污染控制的透明度，保障公众的知情权。会议也可以被用在该层次，例如公众旁听会议以获得相关信息。西方国家的信息公开制度包括允许公众旁听议会制度，议会辩论日志出版制度，议会活动全程实况转播制度，议会网站制度等。在加拿大，有线公共事务频道是由有线电视行业出资成立的非营利性公共服务机构。每周7 天每天 24 小时专门报道议会活动，包括众议院辩论，参议院会议，议会委员会的听证会，政府委员会会议，特殊事务调查等。加拿大议会网站上有几千个议会文件，有议员情况介绍，议员电子信箱，议员在辩论中的发言全文等。议员的发言几乎同时在网上发表。美国全国有线电视网用两个频道每周 7 天每天 24 小时对国会活动现场直播。对所直播的内容，没有编辑和间断，均以公正无偏见的态度整体报道。 以色列议会是中东地区透明度最高的议会。以色列议会基本法第 27 条规定，除非本法有规定，议会的活动均应向公众和媒体公开。第 28 条规定，除非是议长认为会危害国家安全，在议会公开会议中所进行的程序和发表的言论，其公开出版不得禁止。在以色列，媒体可以任意进入议会活动。从 1992 年开始，议会的所有全体会议及专门委员会会议都要通过电视向全国直播。议会内用于电视直播的机器可以在会场内任意移动。在议会会议进行过程中，电视观众可以随时打电话发表意见。英国议会除了允许传媒对议会报道外，还实行文件公开制度。平民院的各类文件一律向公众公开。其中包括平民院法案，平民院材料，贵族院材料，奉旨呈文。[①] 因此，在环境信息公开过程中，还要发挥传播媒体的影响，媒体不仅可以发挥舆论监督作用，还可以通过公开公众参与的事件来扩大公众参与的影响力，用可见的成果激励公众参与。

最后，确保所公开的信息真实、客观、及时、有效、高质量、易懂。信息公开过程最重要的就是公开的信息要真实、客观。如果信息公开得不及时，就会很大程度上影响公众的参与。

---

① 杜钢建.公众参与政策制定的方式和程序.CCTV 新闻报道.http://www.cctv.com/special/357/4/31831.html.

阅读资料

我国现有的环境法规中虽有"信息公开"的原则，但对谁公开，不公开怎么办等，一直缺乏可操作性规定，给公众参与造成了巨大障碍。《环境信息公开办法》具有较强的针对性与操作性。第一是明确了信息公开的主体和范围。《办法》要求各级环保部门公开环保法律法规、政策、标准、行政许可与行政审批等17类政府环境信息；强制超标、超总量排污的企业公开四大类环境信息，并不得以保守商业秘密为由拒绝公开，鼓励一般污染企业自愿公开环境信息。第二是规定了环境信息公开的方式。《办法》要求环保部门必须在环境信息形成或者变更之日起20个工作日内，以便民的方式公开政府环境信息，在15个工作日内对公众获取信息申请作出答复。属于强制性公开环境信息的企业，应当在环保部门公布企业名单后30日内，在当地主要媒体上公布主要污染物排放情况。第三是规定了环境信息公开的责任。《办法》要求建立政府环境信息公开工作考核制度、社会评议制度和责任追究制度。对于不按照规定公开环境信息的行为，环保部门将被追究责任，企业将被罚款；公众认为环保部门在政府环境信息公开工作中的具体行政行为侵犯其合法权益的，可以依法申请行政复议或者提起行政诉讼。《办法》出台后，超标、超总量排污企业将被强制公开环境信息，环保部门也将主动公开各类环境信息，这将给公众监督企业排污行为、评价环保部门行政作为提供了信息基础，更为完成节能减排目标提供又一制度支持。

5.2.2 意见征求

意见征求层次的公众参与的目标是征求公众的意见，并将其考虑在决策和管理中。就公共决策来说，行政机关保留最终做出决定的权利，进行公众意见征求可以提高行政机关决策的质量。目前，公众意见征求广泛应用于公共决策中，例如社会影响评价、环境影响评价。公众意见征求所采取的方式有书面的意见征求（包括报纸上刊登的民意调查、公众评论的文件、问卷调查）、口头表达（包括座谈会、听证会）。

该层次的参与过程各个步骤划分得比较清晰：

第一，设立明确的目标。确保意见征求的目标很明确，包括具体的事务以及哪些不可以通过协商解决的。

第二，明确征求意见的目标主体和最有效的公众参与方式，一般根据项目的特点来确定。

第三，提供充分的资源准备，包括向公众提供准确的信息。

第四，开展公众参与，合理把设置参与的要求，确定意见征求的主要目标群体，选择合适的意见征求方式，并给公众意见反馈提供足够的时间保证。

第五，为公众提供反馈，告知是否在管理中考虑到了公众的意见。

环境保护领域中的意见征求层次，突出表现在环境影响评价和社会影响评价中的公众参与方面。黄宁[1]学者将公众参与的内容归纳如图5-2所示。

---

[1] 黄宁.公众参与环境管理机制的初步构建[J].环境保护，2005，12.

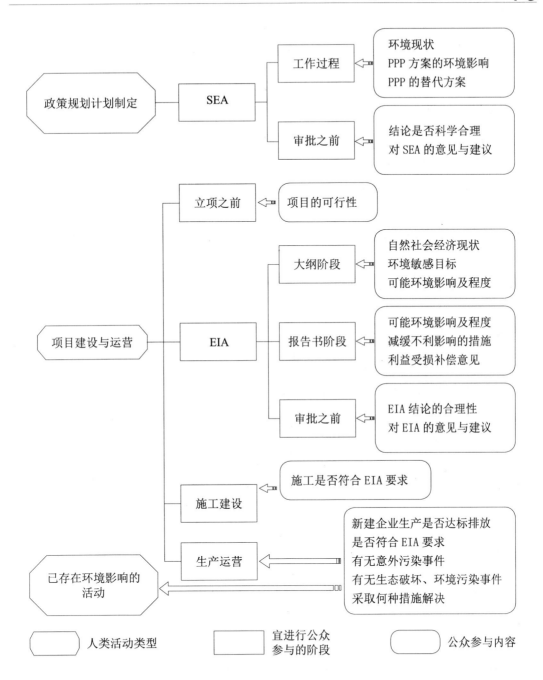

图 5-2 公众参与的活动类型及参与内容

（1）公众参与环境影响评价

公众参与环境影响评价是指公众与建设单位和建设单位委托的环境影响评价编制单位的一种双向交流活动，参与的目的是使建设项目能够得到公众的充分了解与认同、给予公众表达意见和进行磋商的通道，以防范风险、优化决策，从而实现建设项目经济、社会、环境效益的协调统一。

一般工业和商业项目建设，可能对项目建设周边环境造成不同的污染，包括空气、水、土壤、噪声等污染，这些污染可能发生在整个项目建设和投产运转的任一阶段，任何一个环节的参与和监督缺失，都有可能产生环境污染公共事件。政府制度化的严格监督和公众在整个项目生命周期中的系统参与是保证建设项目环境达标和防止运行中发生污染的两个重要途径。

公众参与环境影响评价的内容有：项目建设地点的选择及可能受到影响的社区及人口的识别；项目环境影响的评估、评价对水、土壤、空气的污染的风险及避免污染的措施，设定环境指标；项目社会影响的评估：受到可能影响的居民识别，产生的影响分析，如健康影响、生计影响，避免和减少负面社会影响的措施和对策；项目实施过程的监督，配套的污染物处理设施的建设和处理效果；生产运营阶段的污染物排放是否达标；参与环境污染处罚标准的制定和参与处罚过程的实施。

建设项目包括如下机构和利益主体：

1）公众参与和监督需要相关政府机构，如环保部、水利部、发改委、畜牧局、农业部、林业局、流域管理局的直接参与和对公众参与的赋权和参与的支持和辅导。 政府机构间的合作协调机制是政府机构对公众参与赋权和指导的前提；

2）社区、周边居民代表， 包括妇女、社区组织及社区环保磋商小组；

3）民间环保组织、协会、学会；

4）环境影响和社会影响评估的承担机构，包括研究机构、咨询机构、大学等；

5）工业项目的业主，投资者。

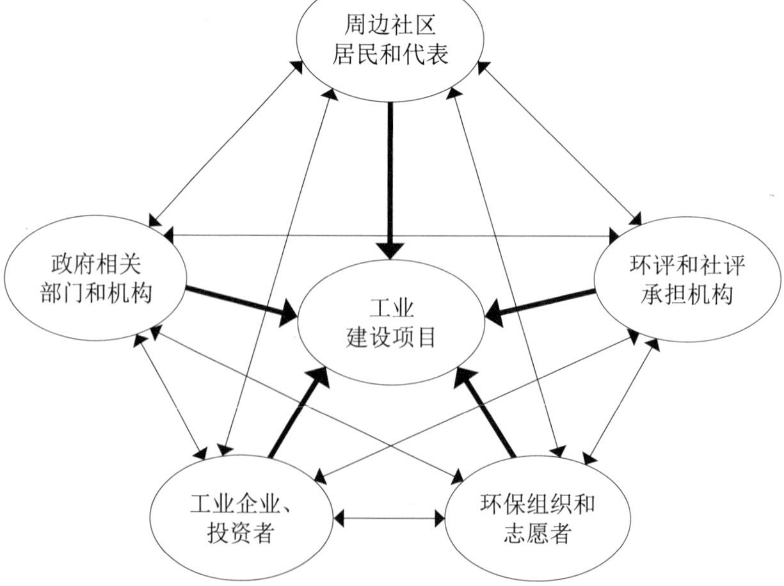

图 5-3　建设项目的相关利益方

建设项目生命周期中公众参与的基本程序和运作框架如图5-4所示。

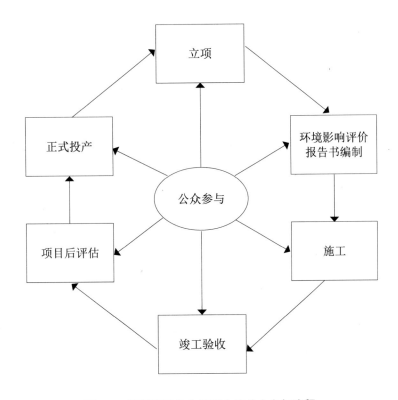

图 5-4   建设项目生命周期中的公众参与流程

1）立项阶段

中国的建设项目在开工前由投资方向环保管理部门提出申请，提交专门的环境影响登记表，环保主管部门进行预审，审查该项目是否符合国家产业政策、法律法规、是否符合相关规划要求等，结合项目本身选择的拟建厂址，划分环境影响评价工作等级，明确重点等。同时环境保护行政主管部门进行现场踏勘，对相关环境要素进行调查，例如水环境、声环境、大气环境等，同时对距离比较近、可能有影响的需要进行公众意见调查。

法律要求。建设单位在确定了承担环境影响评价工作的环境评价机构后7日内第一次信息公告：建设项目的名称及概要、建设单位的名称和联系方式、承担评价工作的环境影响评价机构的名称和联系方式、环境影响评价的工作程序和主要工作内容、征求公众意见的主要事项以及公众提出意见的主要方式等，让公众充分了解项目建设的相关内容并认识到其与自身的关系。采用以下三种方式中的一种或多种来发布信息公告：建设项目所在地的公共媒体、公开免费发放印刷品、其他便利公众知情的方式。

2）环境影响评价（EIA）报告书编制阶段

在实际执行中，EIA报告书编制阶段的公众参与程度在全过程中是最广泛的，参与的主体为受影响的个人和单位。我国有明确的法律规定，要求建设项目都必须做环境影响评价，而且在环评报告书中，有专门的公众参与情况的章节，记录建设单位或环评单位根据《环境影响评价公众参与暂行办法》开展项目和环境信息公示、公众意见调查，或召开座谈会、论证会、听证会等情况，分析公众意见调查样本的合理性及调查意见的结果，明确对公众意见采纳和不采纳的情况给予说明。

目前，在环境影响评价报告书编制环节中，主要由建设单位委托的环境影响评价编制机构开展，且问卷调查是最常见的方式，环境影响评价编制机构根据相关规定和要求，编写调查问卷。此外，对于敏感性和争议较大的项目，一般以听证会或论证会的方式调查公众意见。

EIA 报告书完成后，在环评报告书报送之前，进行第二次信息公示，公示内容包括建设项目情况概述、建设项目对环境可能造成的影响的概述、预防或者减轻不良环境影响的对策和措施要点、环境影响报告书提出的环境影响评价结论的要点、公众查阅环境影响报告书简本的方式和期限，以及公众认为必要时向建设单位或者其委托的环境影响评价机构索取补充信息的方式和期限、征求公众意见的范围和主要事项、征求公众意见的具体形式，以及公众提出意见的截止日期，让公众充分了解项目建设的相关内容并认识到其与自身的关系。一般将信息公布在互联网、宣传板、海报、广播、电视等上，其中互联网公示是目前使用最多的方式。

建设单位或其委托的环境影响评价机构在发布信息公告、公开环境影响报告书的简本后，采用调查公众意见、咨询专家意见、座谈会、论证会、听证会等形式，公开征求意见，意见征求对象主要是：受建设项目影响的公民、法人或者其他组织的代表，期限不少于十日。

在公众意见征求后进行公众意见处理，首先反馈意见的原始资料要存档以备查；企业或评价单位，要认真考虑公众意见，并在环境影响报告书中附具对公众意见采纳或者不采纳的说明。

环评书编制完成后，须进行环境影响技术评估，对整个 EIA 工作进行总结。现有评审一般是由评估部门组织，聘请相关专家和行政管理干部等组成评委会对环评报告进行审查。评估人员在该阶段是作为公众中专业知识丰富的一部分人参与的，研讨环评报告存在的问题，保护敏感目标、弱势群体、保护环境等。对不合格的环评报告，责令环评机构进行纠正。评审完毕后得出初步评审意见后，要根据《环境保护行政许可听证暂行办法》，需要召开听证会的两类建设项目和十项规划项目，应该召开听证会，邀请相关专家学者、普通公众、媒体等参与，听取意见。

在环评书审批通过后，法律要求政府公布最终的环评书以及所有公众意见的答复，实现政府工作的透明性和公众的监督权。但一般情况下，环保局只在网站上公布出各个批次审批的环境影响评价报告书、报告表、登记表的名单，包括建设单位、环评类别、项目名称。

3）施工阶段

建设项目施工过程中，公众可对项目进行监督，对违反报告书和专项研究的既定环保措施要求的行为，予以举报。在该阶段，公众会主动向环境保护行政主管部门或者建设单位提出意见，环境保护行政主管部门也会进行监督。

该阶段中，公众参与是一种广义上的参与，没有严格的形式约束，参与的主体多数是受影响的个人，受理单位不局限于环境保护行政主管部门，也有工商管理部门、信访部门等其他部门。

4）竣工验收阶段

竣工验收中公众意见调查的目的是使项目在设计、施工、运营过程中得到公众的广泛监督，有效地控制排污总量。法律规定，建设项目竣工后，负责竣工验收的部门应如实反映项目建设是否达到既定的环保法规、标准要求，监测项目废水、废气、噪声排放情况，生态保护情况等，并将验收信息发布给公众，听取公众对项目的满意程度，公众满意后，才算验收合格，项目可以运行。

该阶段的公众参与主要由负责竣工验收的主管部门开展。在项目验收前，会在环保局网站上公布拟验收项目的公示信息，公开信息包括公示时间、联系电话、电子信箱、通讯地址、联系人这些基本信息之外，还公示项目基本情况、环境保护执行情况、验收监测结果。但是在公众参与方面，没有类似于环境影响评价批前公示中的"相关公民、法人或者其他组织如对该项目及周围环境有任何意见和建议，请以信函、传真或者电子邮件的形式向我局反映"，也没有出现公众提意见的截止日期。该阶段的公众的意见只是一个参考，其效力不如环评报告公示阶段的效力大。

该阶段的公众参与主要由负责竣工验收的主管部门开展，没有实施方式的规定，主管部门多采取访谈公众的形式进行民意调查。对于很多小型普通建设项目，这一阶段的公众参与只是形式主义。

5）项目后评估阶段

相关法律法规要求在项目后评估阶段，环境保护行政主管部门要调查项目投产运行后所产生的环境问题及其程度，深入公众进行调查，调查项目对周围公众的影响，但是，目前我国在该阶段的公众参与主要由公众主动对项目投产运行后产生的违规行为向信访局、环保局等进行举报或者投诉，比如公众揭发举报企业的违法偷排行为等，很多地区的政府部门鼓励公众举报企业违法行为。比如举报以下一些行为：擅自停运、拆除、闲置或者故意不正常使用污染防治设施，造成污染物超标排放；偷排"三废"造成环境污染与生态破坏，或者工业、建筑噪声污染严重扰民；建设项目运行而治污设施滞后；国家明令禁办的"十五小"、"新五小"企业，被取缔后继续生产或擅自兴办；限期治理企业逾期未完成治理任务继续生产，或者被责令停产而擅自生产。

表 5-1 公众参与的内容、方法框架

项目周期	公众参与的内容	途径和方法	主要参与者
立项 阶段	- 确定选定的项目点会对哪些地区产生影响 - 对周边公众可能产生什么影响 - 减少或避免环境和社会负面影响的项目措施的选择	- 建设点的联合踏察 - 社区代表磋商会 - 选点结果的公示 - 受到项目影响的相关群体分析 - 问卷调查 - 访谈	- 公众代表 - 环保部门 - 建设单位代表 - 环评承担机构
环境影响评价（EIA）报告书编制阶段	- 让所有的利益相关者了解项目的社会可行性和环境可行性 - 知晓为减小和避免负面的社会和环境影响项目采取的具体措施，为后续的监督奠定基础	- 问卷调查 - 访谈 - 论证会、座谈会、听证会 - 专家咨询 - 通过互联网和报纸、电视等媒体公布评估结果，并接受公众的投诉和质询	- 环保局 - 发改委 - 公众代表 - NGO - 公共媒体 - 环评承担机构
项目实施阶段	- 监督是否按照环境和社会影响评估阶段提出的要求实施项目 - 环保和污染处理设施的建设是否到位	- 社区环保磋商小组的定期检查 - 多利益主体参加的联合检查和联席会议 - 违规项目的公众投诉 - 违规情况的媒体曝光	- 社区环保磋商 - 小组代表 - 社区居民代表 - 环保局 - NGO - 公共媒体
项目竣工验收阶段	- 项目建设是否达到了环境排放标准 - 是否避免了项目负面的社会影响	- 社会影响评估指标的核实 - 环境影响指标的核实 - 多利益主体的联合检查验收	- 公众 - 环保局 - NGO
项目后评估阶段	- 监督生产运营阶段的排放 - 内部排放监测结果的核查 - 检查减少环境和社会影响应对措施的实施情况及其效果	- 定期联合检查，监督 - 公众投诉举报机制 - 监督检查和处罚结果的公示	- 公众代表 - 环保局 - NGO

总的来说，环境影响评价中公众参与程序一般可分为以下四个阶段：

第1阶段：明确项目的环境影响程度和范围，以及与之有关的经济、社会影响等一般情况；

第2阶段：确定公众参与的范围与对象，尤其是利益相关者的数量与范围。规划环境影响评价公众参与中，与本规划存在冲突的相关规划的责任机构和编制单位需参与其中；

第 3 阶段：正式的公众参与，需明确参与的形式及相关的内容，针对不同类型的公众应提供不同的公众参与内容，但必须提供决策的主要内容及其客观的环境影响，避免设计诱导公众的问题；

第 4 阶段：汇总和分析公众意见，回答公众提出的问题，并将公众意见及分析的结果及时反馈给公众，同时呈报给环境保护行政主管部门。后者如果认为公众参与存在问题，可以责令评价单位、建设单位或规划编制单位重新进行公众参与，也可委托环境影响技术评估部门，或下级环境保护行政主管部门进行公众参与复核。对环境影响较大，公众反映强烈的决策，必要时可由环境保护行政主管部门主持召开听证会，集思广益，听取、吸纳公众意见。

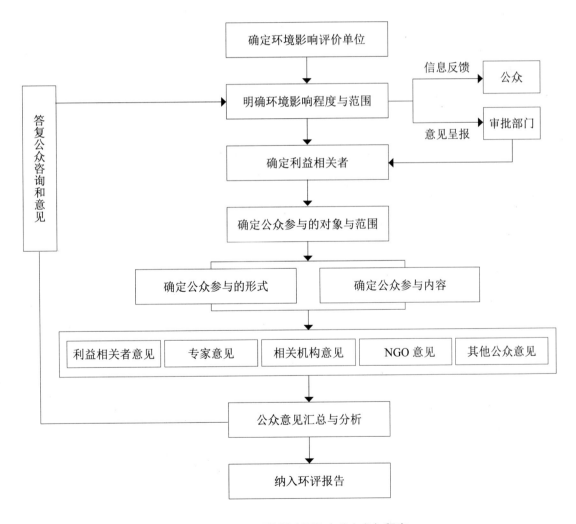

图 5-5　环境影响评价中公众参与程序

6）主要参与途径和方法

①流域、社区、项目点周边的联合踏察；

②污染事件，项目环境和社会影响的社区公示；

③项目相关利益群体分析；

④相关居民的问卷调查；

⑤居民的个体访谈和小组访谈；

⑥社区环境磋商研讨会；

⑦环境和社会影响的打分排序；

⑧项目环境和社会影响公众听证会。

⑨利益群体的联席会议、座谈会；

⑩网络、媒体投诉。

7）环境影响评价中公众参与的有效性的影响因素

①公众

参与环境影响评价的公众人数、基本情况、对项目的了解程度（影响范围、存在的主要环境与生态问题、项目采取的有效控制措施等）是影响公众参与有效性的至关重要的因素。一般来说，公众参与的人数越多，公众所提出的有关环境影响问题覆盖面就会更加广泛，使可能出现的环境影响都能充分考虑到，有效性也就越高。参与者的年龄层次、文化程度、所从事的职业等基本情况也是公众参与的有效性的重要影响因素，文化程度较高的公众能够相对正确地理解公众参与环境影响评价的意义以及其权利，能够客观、合理提出相对有效的公众参与意见，公众的环境素质也能影响参与，公共活动表现出较大的热情，积极参与身边的社会活动，并提出客观合理的建议，这样的参与者对公众参与环境影响评价有效性的提高更为有利。此外，公众对项目的了解程度也会对公众参与环境影响评价的有效性产生直接影响，越是了解拟建项目的公众，就越能够提出客观准确的信息，对项目所提出的建议更符合客观情况。

②公众介入的时间

西方发达国家，认为公众参与环境影响评价的介入时间越早，参与的有效性越高。公众参与时间滞后将会导致在建设项目的筹划期以及项目建设初期缺乏有效的公众参与，项目建设方在该空白时期内根本无法及时、准确地掌握该项目建设可能会给周边单位、公众及社会团体带来的影响，很难准确地把握项目存在的重大问题，这无疑会直接影响到公众参与的有效性。

③公众参与过程的科学性

公众参与的过程是直接影响有效性的因素，参与过程要公开透明，选择合适的公众参与方法。如在采用问卷调查时，问卷发放范围和发放数量应科学合理，发放范围不应小于建设项目的影响范围，发放数量应根据项目建设规模、影响程度、社会关注度等因素而定。调查问卷设计内容应简单、通俗，注意回避带有诱导性的表达方式。

④公众参与意见和建议的处理和反馈

参与过程后要注重公众意见的分析和处理，采用科学的统计分析方法整理科学的调查意见才能够得出科学的结果。公众参与意见执行情况的反馈也是一个重要因素，这同时也是对公众利益维护情况的反馈，充分重视公众参与的结果，并将公众参与结果及时进行反馈，认真做好项目方与公众的动态交流、反馈与纠偏，并将公众的合理的意见和建议纳入环评报告中。

（2）公众参与社会影响评估

1）项目社会影响评估的目的

①环境污染的原因，归根到底是一个社会问题，人类的经济活动、消费行为导致湖泊、水体和环境的污染。识别污染源需做系统的社会经济学分析诊断，同时需识别工业建设项目和污染治理项目对特定人口、社区产生的可能的负面社会影响，包括妇女、儿童、学生，以及受到项目影响的最脆弱社区和居民。

②评估项目实施产生的社会风险。

③就可能的社会影响和社会风险提出应对措施和补偿措施。

④提高社区居民对项目的知晓率，提升公众环境保护意识和参与度。

2）社会影响评估的实施和应用

社会影响评估应在以下阶段实施：

①污染综合治理项目的可行性研究，项目设计和规划阶段；

②社会影响评估的部分内容和方法，如社会影响的评估打分排序，如多利益主体参与的参与式磋商和谈判等方法，可以在项目实施阶段和项目评估验收阶段使用；

③完工的工业建设项目运作阶段的环境、社会影响评估；

④解决流域、湖泊污染综合治理项目和建设项目产生社会冲突和矛盾。

3）社会影响评估的程序、内容和任务

为了能更好地进行社会影响评估的程序、内容和任务说明，本小节内容以太湖流域为例，进行具体阐述。

根据环太湖上下游的社会经济发展，人口分布和产业分布现状，及其防治点源和面源污染中面临的公众认知和社会心理状况，提出如下社会影响评估任务清单，供地方环保部门，环评和社评承担机构在太湖污染综合治理项目和工业建设项目社会影响评估时参考。

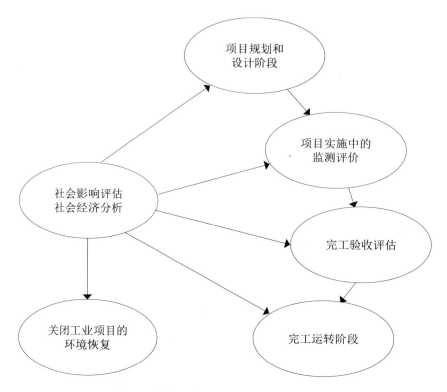

图 5-6　社会影响评估在环保项目中的应用

①流域的社会经济状况分析

流域内的社会经济整体发展状况分析：人口、人口分布、GDP、行业 GDP 的比重、工业行业的分类、化工、造纸、机械制造、食品加工、电子等；农业产业结构、种植、果树、蔬菜、其他经济作物；养殖业、品种、粪便的排放总量；生产资料：化肥、农药、饲料；水产养殖业：面积、产量、饵料/饲料。

②点源污染和面源污染源的识别和社会经济原因的诊断

进行与污染相关的利益群体的识别和利益取向分析。导致点源污染和面源污染的社会群体，包括城市、农村、农业、工业、企业、个体、家庭、社区。特定群体的污染物排放及排放量，导致污染物排放的社会经济因素和利益取向分析；农村社区要做来自种植、养殖、水产等生产活动的氮磷排放，及和现有肥料、饲养方式之间的关系。

③社会经济和社会影响评估

a）识别受到太湖流域水污染影响的社会群体：受到工业建设项目产生的污染影响的社区和社会群体，农村社区、城市社区内部特定的人群，如妇女、儿童、学生、老人、贫困人口等，同时要识别包括受影响的区域面积、社区的数量、受影响的人口的数量、区域分布，以及分析受到污染影响的群体的社会经济特征、生计特征、当前的生计困境。

b）污染项目实施产生的社会影响的识别和社会影响的评估：特定群体对污染和污染

程度的认知；对污染的社会影响评估，包括饮水质量、健康的影响、对家庭收入的影响、整体生活质量的影响，影响的程度可以采用打分评估的方式。

c）控制农业、畜牧业、水产养殖业氮磷排放技术措施，对农户的生产效益、经营收入、劳动力配置所产生的影响。

d）制定减少污染，避免、降低社会影响和社会风险的对策措施。

e）太湖污染综合治理项目：与不同的利益群体磋商，制定减少、杜绝污染的战略对策和具体行动措施，并排列优先顺序，作为治理项目公众参与的行动指南；减少、避免治理工程措施，对转换现有排放者生计生产模式的补偿措施，转换模式所需的政策、财政和技术支持。

f）工业建设项目：针对工业建设项目可能产生的社会环境影响，提出防止和避免负面影响的措施，包括污染物处理设施、控制污染影响的措施、内部生产环节和排放的技术保障措施，作为建设项目实施阶段和完工后运转阶段环境污染监督的依据。

g）控制农业面源污染的措施的选择，选择控制排放措施所需的技术、资金、政策支持及农户的经营模式的调整策略。

④社会影响评估结果的公示和反馈

公示的内容：污染源的识别情况，产业、企业排放主要污染物，影响的区域，影响的人口，采取的应对措施，减少农业、养殖业和水产养殖业面源污染的措施，政策的扶持措施等。

公示的途径和方法：社区公示和反馈；网上公示并反馈；电视公益公告；地方报纸；发放小册子；张贴宣传画。

⑤社会影响评估中公众参与的途径和方法

a）流域内和太湖周边社区社会经济现状调查；

b）社区居民的问卷调查；

c）参与式小组访谈；

d）农户或居民的个体访谈；

e）女性居民的访谈；

f）参与式污染原因诊断和问题分析；

g）与污染相关的利益群体分析；

h）选择的建设内容的社会影响识别及打分排序；

i）减少农业和农村面源污染的技术措施的打分排序和可行性矩阵分析；

j）参与式社区、小流域和项目点周边的资源踏察，污染源的标记和追溯；

k）多利益主体的磋商和谈判，污染治理策略和方案的制定；

表 5-2 公众参与建设项目和水污染治理项目社会影响评估的内容、方法框架

参与步骤	具体内容	方法
区域、流域社会经济现状分析	流域内的社会经济整体发展状况分析： - 行政区划及人口分布 - 社会经济发展现状：GDP，第一、二、三产业的比重 - 工业发展状况：工业产值，工业布局，行业的分类，主要产业（化工、造纸、机械制造、食品加工、电子等）情况 - 农业发展状况：农业产业结构（种植、果树、蔬菜、其他经济作物），农药、化肥使用情况，养殖业情况（养殖面积、产量、饵料）等	- 地方社会经济发展年鉴 - 相关部门的统计数据 - 统计局、发改委、农业局、商务局等部门访谈
点源污染和面源污染源的识别和社会经济原因的诊断	与污染相关的利益群体的识别和利益取向分析： - 导致点源污染和面源污染的社会群体，包括城市、农村、农业、工业、企业、个体、家庭、社区。导致污染和氮碳超排的社会经济原因分析 - 特定群体的污染物排放及排放量 - 导致污染物排放的社会经济因素和利益取向分析	方法： - 社区问卷调查 - 社区和建设点资源踏察和污染源的绘图 - 环保局座谈，社区居民小组、妇女小组、村干部访谈 - 居民和农户的个体访谈 工具： - 问卷 - 开放式访谈 - 问题树，诊断污染原因 - 相关利益群体分析 - 污染原因的打分排序
社会经济和社会影响评估	- 受到太湖流域水污染影响的社会群体的识别：受到工业建设项目产生的污染影响的社区和社会群体、农村社区、城市社区、社区内部特定的人群，如妇女、儿童、学生、老人、贫困人口等，包括受影响的区域面积、社区的数量、受影响的人口的数量、区域分布 - 受到污染影响的群体的社会经济特征，生计特征分析，当前的生计困境 - 污染项目实施产生的社会影响的识别和社会影响的评估，特定群体对污染和污染程度的认知；对污染的社会影响评估：包括饮水质量、对健康的影响、对家庭收入的影响、整体生活质量的影响，影响的程度可采用打分评估	方法： - 社区的问卷调查 - 环保局和流域社区，太湖周边社区居民、妇女小组访谈 - 农户、居民的个体访谈 工具： - 识别污染和污染治理项目的社会影响 - 社会影响的打分排序
制定减少污染，避免、降低社会影响和社会风险的对策措施	- 太湖污染综合治理项目：和不同的利益群体磋商，制定减少、杜绝污染的战略对策和具体行动措施，并排列优先顺序，作为治理项目公众参与的行动指南；减少，避免治理工程措施，对转换现有排放者生计生产模式的补偿措施，转换模式所需的政策、财政和技术支持 - 工业建设项目：针对工业建设项目可能产生的环境和社会影响，提出防止和避免负面影响的措施，包括污染物处理设施、控制污染影响的措施、内部生产环节和排放的技术保障措施，作为建设项目实施阶段和完工后运转阶段环境污染监督的依据	方法： - 社区的问卷调查 - 流域社区，太湖周边社区小组访谈 工具： - 降低氮磷排放措施的打分排序，可行性矩阵分析 - 降低社会影响措施的打分排序，可行性矩阵分析 - 污染治理和降低氮磷排放策略的多利益主体的谈判
社会影响评估结果的公示和反馈	公示的内容： - 污染源的识别情况，产业，企业，排放主要污染物影响的区域，影响的人口 - 采取的应对措施	- 社区大会 - 社区墙报公示 - 公共媒体、电视、互联网的公示

1）社区大会，公示社会影响评估结果。

⑥保证公众参与社会影响评估的监测指标

a）居民在社会影响评估中的参与率；

b）受到直接影响农户在磋商和谈判中的参与率；

c）妇女在社会评估中的参与率；

d）社区居民对社评结果的知晓率；

e）环保和污染监测数据的公众可获得性。

5.2.3 直接参与式

该层次的参与的目标就是在过程中直接与公众合作，确保公众的意见和需求在项目的全过程中都被考虑到。

直接参与和意见征求的区别在于公众参与的程度不同，意见征求层次是在公共事务的某一阶段里的公众参与，比如在流域规划中有一阶段用于公众表达意见；而直接参与是在全过程中的公众参与，比如政府在面源污染治理过程中，从源头到最后处理的全过程都有公众的参与。

该层次的参与需要更高程度的利益相关者的参与，在制订计划时需要充分考虑当地群众的特点和需求。

近年来，流域水污染形势严峻，流域周边地区的政府部门采取了很多措施来改善流域环境问题，其中在流域面源污染控制方面就采取了发动公众直接参与进来的方式。

（1）识别问题

流域农村生活污水无序排放问题日益严重，不仅加剧农村生态环境和河流湖泊水体的污染，而且威胁人民群众身体健康，成为农村经济社会可持续发展的重要制约因素。而流域的农村地区大多数村庄分散，生活污水难以集中收集处理，污水中的主要污染物 COD 和氮磷等营养物质直接排入沟渠、河道、池塘，已成为农村面源污染的重要来源，严重影响了农村的生态环境。

（2）识别公众的需求

通过实地考察、问卷调查、公众访谈等方式了解公众的需求和当地的自然状况、人口分布、经济发展水平、教育等社会发展状况。对于公众的需求来说，农村地区的生态环境遭到不同程度的污染，迫切想让周边的环境变得清洁；但同时资金有限，在开展工作时需要政府的大力支持；且环境保护意识不高，对先进的污染治理技术了解不多、设备要简单易管理。

（3）设立目标、制订计划

根据上述的分析，设立明确的项目目标：落实流域水环境治理目标任务，坚持科学规划、远近结合、因地制宜、综合治理的方式治理流域农村污染，把推进乡村生活污水处理与改善农村生态环境和人居环境、促进流域水环境根本好转紧密结合起来。

在进行计划时充分考虑农村地区的公众需求、人口分布、乡村生活污水排放特点等因素，确保建设一处、治理一片、造福一方，加大政策扶持力度，健全财政投入机制，积极引导公众参与治理，倡导节约资源和保护环境的文明生活方式。同时在计划中明确项目的参与者和受益者，确定由谁来参与项目的实施，并明确项目的实施细则。

（4）项目实施

考虑到农村地区的地理特点，采取多种污水处理设施相结合的方式：在居住密集的地区采取铺设污水管网和建设农村污水处理厂的方式，如以自然村为单位建造水处理工程；在居住分散的地区建设生活污水水生态净化处理设施、生态厕所等。

第一种方式充分考虑了经济的特点，由政府出资建造，并采取无动力、微动力两项生活污水处理新技术，节省管理和运营的成本。这两项新技术的原理大致相同：将生活污水通过地下管道接入厌氧发酵池，经过沉淀和生物处理，分解吸收水中的大部分氮、磷等有机物，再经人工生态湿地层层过滤，使水达到国家生活污水排放标准。这些污水处理工程以自然村组为单位建造，占地面积小，设施入地，工艺简单，效果较好。而且，还可以根据地区的特点，尊重自然地形，采用人工生态湿地处理技术，把农村死河浜和废弃池塘清理改造成厌氧发酵池或人工生态湿地，然后将厌氧发酵池处理后的含氮磷的水排入人工湿地，让湿地里的荷花、美人蕉等水生植物吸附，池边栽上垂柳，从而使乡村昔日的一条条"龙须沟"变成了生态景观，美化了环境。

第二种方式适合于人口居住较分散的地区，即将家庭的生活用水先排入沉淀池，稍经处理再排放，有些家庭还使用生态厕所，或者得到政府的资助建设小型沼气池，从而降低进入环境的污染负荷。这些小型的处理设备具有基建投资少、运行费用低和管理维护简便等优点，得到了公众的大力支持。

流域周边的公众还积极参与对乡村、农田、果园等现有排水沟渠塘及河道支浜等进行工程化改造，清除沟渠塘垃圾、淤泥、杂草，岸边种植垂柳、草本地被植物，侧面和底部搭配种植各类氮、磷吸附能力强的半旱生植物和水生植物，实现对沟壁、水体和沟底中逸出养分的立体式吸收和拦截，改善了流域水环境质量。

5.2.4 伙伴关系

该层次的参与的目标是与公众在环境管理方面建立伙伴关系，也可以称为协作管理。

这种协作管理的模式包括商讨确定可选方案、识别最优方案、规划、磋商谈判等多种方式的公众参与。伙伴关系的种类是多样化的，可以是简单的从属关系，也可以是平等的合作关系，或是建立委员会等。

目前，建立伙伴关系的模式多出现于先前已经存在的合作关系中，例如澳大利亚在开展国家公园管理方面，就实行了国家管理者和当地公众之间的合作管理的模式。

环境相关的决策要想取得很好的效果，就必须寻求公众的合作。而如何有效促进政府管理者和公众的相互合作，最大化社会和环境的共同利益成为亟须关注和解决的重要问题。

伙伴关系层次的程序如下：

（1）建立信任

伙伴关系的建立对双方甚至多方的信任程度要求较高，双方只有在信任程度较高的前提下才能建立合作伙伴关系。信任在人们的社会、经济和政治生活中发挥着巨大的作用，根据社会资本理论，信任是社会系统中社会资本的重要来源之一，也是预测个体合作行为的重要变量。

人们在日常生活中往往会面临个人利益和群体利益的冲突，妥善解决这些冲突往往需要依赖合作。

（2）选择伙伴

针对某个特定的项目，一般先由一方牵头，然后通过透明、公正、民主的挑选程序来选择合适的伙伴，选择的过程一般是根据其他潜在的合作者所拥有的资源、影响力等因素确定。在自然资源管理方面，项目周边的公众通常会成为合作伙伴。

（3）建立伙伴关系

在双方都有意愿的情况下就可以建立起合作伙伴关系，签订承诺书。真正的合作伙伴关系是一种连续性的关系，应定期召开会议，保持密切的谈判和协商。应当注意的是在建立伙伴关系时，应当保持权责一致和公平。人们总是会将他们的投入回报比与参考他人的投入回报比相比较，当他们认为得到的回报与贡献的比例相匹配时，这样的分配才会被认为是公平的。

（4）研究行动方案

针对所要开展的项目，各个合作伙伴共同搜集整理信息，调查研讨，商讨行动方案。按照项目的内在结构和目标进行逐层分解形成结构示意图，确定关键路线和关键工作，然后根据总进度的计划，制定出项目的资源总计划、费用总计划，并把这些计划分解到每年、每季度、每月等各个阶段，从而形成详细的行动方案。此外，明确各方责任，包括提供资金、信息、技术、人力等方面的支持，分工清晰，把每一个单元都落实到责任者，并进行各个合作伙伴之间的协调与工作。

（5）项目实施

各个合作伙伴遵守承诺，履行责任，共同开展项目。此外，各个合作伙伴要加强沟通和联络，定期开展会议，汇报各方项目进展。

目前公私合作（Public-Private-Partnerships）机制就是公众参与中伙伴关系的一个典型。具体来说，公私合作伙伴关系（PPP）就是指公共部门与私人部门为共同参与生产并提供公共物品和服务，建立长期合作关系而签订的契约合作形式。自 1992 年在英国正式问世以来，PPP 在美国、加拿大、法国、德国、澳大利亚、新西兰和日本等国家得到广泛响应，联合国、世界银行、OECD、欧盟委员会等国际组织或共同体将 PPP 的理念和经验在全球范围内大力推广，公私合作伙伴关系已成为许多国家政府实现经济目标及提升公共服务水平的核心理念和措施之一。我国从 20 世纪末也开始了一些 PPP 的实践，主要体现在公共事业方面。目前，公私合作伙伴关系在环境保护领域也开始起步，运用社会力量和政府力量共同来保护生态环境，通过特许保护授权，政府把部分环境保护权赋予了社区，充分动员社会力量。

阅读资料

我国公私合作治理项目——以措池村为例

措池村位于青海玉树州曲麻莱县曲麻河乡，地处三江源国家级自然保护区索加—曲麻河野生动物保护分区的核心区内，南依长江上源通天河，西邻青藏公路，总面积约 2 440km²，村委会所在地的海拔为 4 616m。2007 年全村有 3 个生产队，共 147 户 619 人，是一个典型的经营青藏高原高寒草地畜牧业的纯牧业村。措池社区野生动物资源种群较大，有藏野驴等 7 种国家一级保护野生动物，岩羊等 3 种国家二级保护野生动物。此外，区内还分布有一定量的盐、煤、铜等矿产资源。近 20 年来，气候要素为主的自然因素加上人畜数量持续增长带来的过度放牧等，导致措池村生态环境不断恶化并呈加剧之势。根据 2002 年北京林业大学的调查和估算，全村沙漠化土地面积超过 40%，野生动物数量锐减，受威胁的物种占总物种的比例远高于世界 10%～15% 的平均水平，生态系统的破坏导致鼠类、鼠兔、毛虫危害日益严重。

2006 年 9 月措池村被确定为公私合作治理项目的试点地区。与之前相比，融合了保护区管理局、村委会、民间环保组织等多元力量，其合作治理机制体现出以下鲜明特点。

（1）特许保护赋权机制

长期以来，我国自然保护区实行的是政府主导的单一保护模式，资金来源单一且短缺，公众参与程度不高。根据《中华人民共和国自然保护区条例》的规定，政府设立各级自然保护区管理局具体履行生态资源的保护权和管理权，保护区居民有生态保护的义务和对生态破坏活动的检举权。同时，政府对保护区实行综合管理与分部门管理相结合的管理体制。措池村"协议保护"就是从生态资源的管理权与保护权的分离开始。2006 年 9 月，青海省三江源国家级自然保护区管理局、保护国际（CI）、三江源生态环境保护协会和玉树州曲麻莱县曲麻河乡措池村村委会四方共同签署了青海三江源生物多样性保护协议，协议实施一期为 2 年，CI 提供 24 万元资助。根据协议，保护区管理局将措池村范围内 2 440 km² 区域的资源保护权授予措池村村委会，措池村村委会按照保护规划对协议保护地进行保护，通过制定资源管理制度约束自身的资源利用行为，制止任何外来的采矿、挖砂、盗猎、越界放牧等活动，并对协议保护地进行定期监测、巡护，做好监测记录。保护区管理局负责组织专家对协议保护地进行保护规划、对协议保护地的保护成果进行定期监督和评估，有义务为措池村村委会提供能力建设、政策支持、技术指导等帮助，并提供每年 2 万元的奖金。

（2）多方协助下的社区参与机制

通过特许保护授权，政府把部分生态保护权赋予了社区，因此社区的生态保护能力就成为决定协议保护效果的关键。在措池村，村委会被赋予的生态保护权主要是通过社区民主参与下形成的村规民约，以及本土文化的约束力、凝聚力得以实施的，这也是协议保护与政府自上而下的保护的重要区别。措池村具有良好的生态保护基础。早在 2002 年措池村就自发组织了 13 人的生态保护小组，其主要工作是记录当地见到的野生动物种类、数量，制止外来人员盗猎野生动物。三江源地区的原著民是拥有游牧文化传统的藏族牧民，藏区的神山圣湖以及保护它们的村规民约本身成为民众普遍认同的很有效的自然保护方式。在措池村"协议保护"过程中，村民代表大会成为社区集体行动的载体，无论是制定保护计划、资源管理制度和巡护监测方案，还是社区奖金发放和分配，都是通过召开村民代表大会的形式进行民主决策。村民代表大会讨论制定的《措池村受威胁重要资源管理办法》通过保护管理手册的方式被分发到每个村民手中，使得巡护和监测成为所有村民的共同任务，村民违反规定的行为将受到相应的处罚。与此同时，措池村社区能力的提升得到了政府、科研机构、NGO 等社会力量的积极支持。保护协议签署后，措池村邀请了来自北京大学、中国科学院等科研院所的有关专家进行实地考察和指导，通过扎实的文献整理、野外本底调查工作和实验室数据分析工作，科研院所与社区实际监测参与人员共同制定了保护区的重点监测物种、监测线路、监测内容、方法和方案，使得社区的传统保护知识与科学技术有效结合起来，有利于保障社区保护活动的科学性和持续性。三江源生态环境保护协会通过开展"社区生态环境保护"培训、举办生态文化节等社区文化活动，促进社区凝聚力和公共意识，培养、鼓励和传承优秀的生态保护意识，提升社区资源管理的主体能力。

（3）多元化的生态补偿与监督约束机制

在协议保护中，承诺保护的一方按照保护协议规定的内容和标准完成保护工作，将从政府和有关支持机构那里得到稳定的周期性偿付。从这个意义上说，协议保护也可被视为一种多元化的生态补偿机制。以措池村为例，保护国际（CI）对措池村协议保护项目投入 24 万元，主要用于对牧民进行环保技术培训，以及开展社区生态文化的建设和投入。在通过第三方评估后，保护区管理局为措池村发放每年 2 万元的保护成效奖金以支持小学建设、改善医疗条件和通讯状况、开展生态文化活动。三江源生态环境保护协会通过设立"社区生态保护行动基金"，利用小额赠款、培训和具备文化节等方式，激励在生态环境保护工作中作出突出贡献的牧民社区、寺庙及个人，充分调动全社会的力量投入到三江源自然生态环境保护工作中。为提高生态补偿资金的使用效率，措池村"协议保护"进行了新的探索。与政府实施的直接面向个人的生态补偿方式不同，三江源自然保护区管理局的奖励资金面向村委会，由村委会通过村集体选择的民主程序决定补偿资金的具体使用和分配。保护国际的生态补偿项目也是指定给予协议保护社区（包括村委会、牧委会、社区传统组织、社区保护骨干、乡村中小学校等）以及在基层工作的合法的民间组织等。为保障生态保护的效果，措池村试点项目建立了保护协议执行、监测、评估及奖惩等监督约束机制。首先，保护协议对保护活动制定了清晰的目标、标准和指南，为具体的监测和执行保护协议提供了坚实的基础。其次，在三江源生态环境保护协会的培训与帮助下，措池村成立了自己的组织——"野牦牛守望者"协会，监督和督促村民积极参与生态保护活动。最后，在协议实施一年及两年期结束时，由三江源保护区管理局组织第三方专家（生物多性专家和社会经济专家）对措池村的保护成效进行两次评估。在第三方评估通过后，措池村才能够获得保护成效奖金。

（4）信息交换与平等协商机制

协议保护汇集了政府、当地社区、NGO、科研机构等多方力量，它们都有不同的利益取向、知识背景、保护理念与视角，因此协议保护对于多主体间的信息交换、平等协商与调适能力提出了更高的要求。以措池村"协议保护"为例，平等协商贯穿了协议保护活动的各个环节，包括共同商议特许保护协议的条款；制定社区保护的具体要求、评估指标、奖惩制度；确定社区野生动物监测方法、路线；制定保护成效奖金使用方案；等等。保护国际（CI）和青海三江源生态环境保护协会发挥了独特的多方沟通交流桥梁作用，它们联合国内科研院所，实现科学家与当地牧民、民间环保组织的沟通与交融，形成本土化的环境监测方案；在它们的倡导、促动和直接组织下，措池村开办的生态文化节成为村民之间、乡村与外界、乡村社区与政府部门、NGO 以及科学家之间进行信息交流的平台。实践证明，这些举措不仅有助于培养凝聚乡村向心力，鼓励传承优秀的生态文化思想，而且增进了社区与政府、NGO 等外界的沟通与互信，这为保护协议的实施节约了不少交易成本，有助于提高协议保护的效率。

根据第三方评估报告，我国协议保护试点项目在生物多样性保护与社区经济社会建设等方面取得了积极成效，表现出创新的活力。

资料来源：黄春蕾．我国生态环境公私合作治理机制创新研究——"协议保护"的经验与启示［J］．理论与改革，2011，（5）：59-62.

5.2.5 自主管理

自主管理层次的参与的目标是将最终的决策权交到公众手中。在该层次中，公众享有部分决策权，自主管理的社区享有决策的责任并对决策的结果负责，要求参与自主管理的公众有一定的决策能力，此外，要求过程权责明确并保障得到充分的资金和人力支持。可以说，公众自主管理的参与模式是最具有挑战的，同时回报也是很大的。

我国目前正在实行的社区居民自治和村民自治就是分别在城市地区和农村地区实行的一种公众自主管理制度。中共第十七次全国代表大会报告明确提出以居民自治为主要内容的基层群众自治的制度是我国的基本政治制度，这种自治制度就是广大群众直接行使民主权利，依法办理自己的事情，实行自我管理、自我教育、自我服务的一项基本社会政治制度，其核心是"四个民主"，即民主选举、民主决策、民主管理、民主监督。社区居民自治和村民自治分别有《城市居民委员会组织法》和《村民委员会组织法》作为法律依据。在全国兴起的社区建设就是对居民自治的深化，通过组建和培育社区组织形成有形的公众参与渠道，为公众开展利益诉求、参与并当家做主提供了有效的载体。

在环境保护方面，一些地区在流域污染控制中就实行了公众自主管理模式的公众参与，一般以社区或者自然村为单位由公众实行自我管理进行污染治理。流域水污染通常可以分为点源污染和面源污染，点源污染是指有固定排放点的污染源，指工业废水及城市生活污水由排放口集中进入环境。面源污染项目牵扯到社区的农业生产、畜牧生产、水产养殖、家庭为基础的农产品加工、社区的生活垃圾的处理和排放等多种因素，与公众的生计、经济、经营活动密切相关。因此，自主管理的参与模式应用于流域水污染控制中能够便于公众充分发挥作用，实现有针对性的治理。这种类型的公众参与一般是由一个工作小组（其成员可以是社区居委会成员和有一定专业知识的公众代表）进行领导，工作过程如图 5-7 所示．

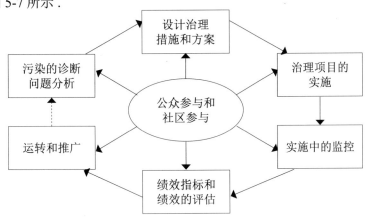

图 5-7 流域污染控制中公众自主管理的工作程序

（1）污染的诊断和问题分析

1）首先进行区域社会经济发展状况分析。根据地方社会和经济发展年鉴、相关部门的统计数据、统计局、发改委、农业局、商务局等部门访谈，获得基本的信息资料：人口数量、人口分布，GDP、行业 GDP 的比重、工业行业的分类、化工、造纸、机械制造、食品加工、电子等，农业产业结构、种植、果树、蔬菜、其他经济作物，畜禽养殖业品种，污染的排放总量，生产资料：化肥、农药、饲料，水产养殖业：面积、产量、饵料等。

2）进行点源污染和面源污染源的识别、污染相关的利益群体的识别和利益取向分析。

分析造成点源污染和面源污染的社会群体，造成污染的社会经济原因分析，特定群体的污染物排放及排放量。所采用的方法主要有：问卷调查，社区和建设点资源踏查和污染源的绘图，环保局座谈、社区居民小组、妇女小组、村干部访谈，居民和农户的个体访谈、现场踏勘，然后对污染原因的进行打分排序。

3）进行受到流域水污染影响的社会群体的识别。通过现场踏勘、访问调查的方法识别区域内可能受到污染影响的社会群体、受影响的区域面积、社区的数量、受影响的人口的数量、区域分布、受到污染影响的群体的社会经济特征和生计特征。并调查公众对污染程度和污染防治的认知。

（2）设计治理措施和方案

1）与相关利益群体磋商，商讨减少、杜绝污染的战略对策和具体行动措施，并排列优先顺序，作为治理项目公众参与的行动指南。并且商讨减少、避免污染的治理工程措施，对转换现有排放者生计生产模式的补偿措施，转换模式所需的政策、财政和技术支持。

2）对可能的措施进行详细的分析，同时也要分析可能的措施对社区公众的生产效益、经营收入、劳动力分配产生的影响以及资金、人力、技术投入的限制，从而确定出最优的治理措施和方案。例如可以采用对可能的措施进行打分排序、可行性矩阵分析的方法确定。

（3）治理项目的实施

按照已经设计好的治理措施和方案，发动相关利益者实施治理项目。在实施过程中，加强项目管理，在必要的情况下，要开展公众参与培训，邀请专家对社区公众进行知识和技术培训，提升公众的环境保护知识和参与能力。

在社区面源污染控制方面，与社区公众密切相关的可以从生活污水控制、水产养殖、农业种植三个方面开展。

1）生活污染控制。在家庭中可以做到的生活污水减量的方式很多，主要包括厨房污水减量、洗衣污水减量和浴厕污水减量，减少含磷洗涤剂的使用，提倡家庭生活用水重复使用，如将洗衣服的水拖地、淘米水浇花等。建设秸秆堆沤池、粪便处理池、沼气池、污水处理池、配备户用垃圾桶，实现垃圾分类处理，生活污水、生活垃圾和人畜粪便的无害化处理和资源化利用。

2）水产养殖污染控制。规范养殖行为，降低饵料残留，投喂各种饲料的方法，均应实行"定时、定量、定点、定质"四定的原则；减少渔药施用，不危害人类健康和水域生态环境、坚持"以防为主，防治结合"、选用"三效"（高效、速效、长效）、"三小"（毒性小、副作用小、用量小）的鱼药、对症用药，不得使用国家严令禁止的药物；对养殖废水进行处置，养殖用水需经处理后方可排放，养殖户的养殖废水可选择分期、分批排入村生态污水处理厂处理，经处理后排入附近水体。

3）种植面源污染控制。注重水土流失管理，推广农业标准化栽培技术、测土配方平衡技术、化肥农药控制；在农药使用方面，注意药剂的交替使用和保护天敌，安装杀虫灯，施药后的废弃农药瓶应单独收集回收；尽量施用有机肥料，减少无机肥的施用，在田间修建废弃物回收池和秸秆堆沤池，实施秸秆还田。

此外，建立配套的管理机制，负责日常的管理的工作，开展工程运维、日常监督、检查评比，引导村民养成良好的卫生习惯。制定村规民约、综合防治保障制度。

（4）实施中的监控

为了保证管理目标的实现，监控过程是公众参与的重要组成部分和保障环节，它可以实时帮助管理者调整其执行活动，以更好地完成既定目标。监控包括对实施的细节、行为、效果进行监督和控制。采用的措施主要有：系统规则地分解项目，在工程过程中记录各工程活动的开始和结束时间及完成程度，并将各活动的完成程度与计划对比，确定整个项目的完成程度，并结合工期、生产成果、劳动效率、消耗等指标，评价项目进度状况，分析其中的问题，找出哪些地方需要采取纠正措施。

（5）评估与总结

对治理措施和方案进行评估，确定治理措施和方案的有效性。评估可以从公众的环境意识和执行能力、环境的改善、资金、技术等方面开展。最后向社区公众公布评估的结果。

（6）运行和推广

1）将本地区的经实践检验的做法在本地区大范围地运行；

2）将成熟的做法和经验向其他地区推广。

表 5-3 不同层次的公众参与的途径

类型	公众参与的方法
信息公开	新闻、网络、广播公开，会议旁听，发放宣传册
意见征求	问卷调查，采访和访谈，听证会，座谈会和论证会，专家咨询
直接参与式	工作会议
伙伴关系	社区磋商小组、参与式决策
自主管理	社区组织

5.3 参与后的反馈

公众参与的反馈与参与的过程本身同等重要，反馈能直接影响公众参与的广度和深度。参与机制的关键是公众的参与行为对公共事务的影响有多大，如果参与后没有任何的反馈，仅仅是满足了形式上的参与要求，对公共事务来说并无实质性意义。无论是听证会、论证会还是座谈会，以及通过其他方式获取的意见，决策者虽然没有全盘接受的义务，但是意见的接收者应当予以回应，并且必须在公开的场合，表现出对评论意见已加以慎重考虑的态度，这样才能促进参与程序的健康发展。

因此公众参与之后，要重视对公众意见的处理，利用现代科技技术手段对公众意见进行综合全面的整理和分析，有针对性地吸取或采纳公众提出的合理的、有建设性的意见，就收集与采纳公众意见的相关情况形成文字报告，在报送审查或者提交审议时一并予以提交。此外，也要利用媒体和现代网络传播等方式向公众进行结果反馈，对公众意见所作的是否采纳的处理说明，以便公众监督，增加公众参与的效力，也能激励公众参与的积极性。

对于意见征求类的公众参与，如公众参与环境影响评价、公众参与规划等，公众意见的处理有两种方式，一是按照公众的意见进行修改，二是对不采纳的意见给予详细的说明。后一种回应程序的建立尤为重要，回应的方式有两种，一种是一对一的回复，二是将公众意见整理后，统一回复，可以通过网络发布或者张贴海报的方式进行。

对于非意见征求类的公众参与，如公众参与流域水污染控制的过程，可采用公告栏、广播、电视等形式，定期公布污染控制进展情况、公众参与的行为对污染控制的影响、规划目标的实现程度等，让公众切实了解自身的参与所带来的经济效益、社会效益、环境效益，从而激发公众参与的热情。

5.4 公众参与的评估

完善的评估制度可以将公众参与抽象的概念进行量化和具体化，评估的内容不仅包括参与的效果，还包括参与的范围评估、参与目的的评估、所采用的方法是否合适评估等，因此可以更加准确地掌握公众参与的效果，以及参与过程中哪些是做得好的地方、哪些是需要改善的，从而为管理部门制定规划和发展提供依据，也为其他类似的项目提供基础和依据。

评估是参与过程给公共事务和目标群体带来的影响，这些影响可能是直接的也可能是间接的，如社区公众参与到社区的水污染治理中，河流的质量得到了改善，对社区环境带来了直接的影响，另外，环境美化后，吸引更多的游客过来参观，社区经济效益得到了提升，这种影响就是间接的。此外，影响既有正面影响也有负面的影响，例如，在决策过程中征求公众意见时，增加了决策的科学性是正面的影响，但是同时也增加了决策的成本就是负面的影响。

5.4.1 评估的过程

评估的过程不管是对于组织公众参与的小组来说还是对参与的公众来说都是一个学习、完善和适应性管理的过程。对于组织的小组成员来说，他们不仅完成了评估的任务本身，而且丰富公众参与的经验，知道如何更好地开展公众参与；对于参与的公众来说，参与评估可以更好地了解自身的参与所带来的经济效益、社会效益、环境效益，以及了解在参与过程中的需要改进的部分，而且还可以发展评估技能和分析技能、帮助社区内成员改善其组织能力，促进内部成员的相互对话与理解，并更好地与外来者对话。

第一步：明确评估的好处和目的，讨论为什么要进行评估，如何运用评估的结果。

第二步：回顾公众参与的目的和过程。

第三步：准备用于评估的问题，确定评估的重点与关键问题。在回顾了公众参与的目的和过程之后，讨论需要哪些信息才能了解参与进展。把重点放在"想知道什么？"和"如果想知道这些需要评估什么？"等。具体可以从这几方面来确定评估的重点：评估的目的、评估的人力物力、不同的利益群体的需要。

第四步：选择合适的评估指标。对每一个评估的问题，都需要确定一些指标来予以回答，建立直接和间接的指标。在遵循构建评估指标体系的基础上，可以进行初步的筛选，邀请专家进行评议，或者使用其他科学方法来选择指标。

第五步：确定合适的信息资料收集方式和工具。对每一个重要指标或问题，必须选择合适的信息资料收集工具。

第六步：确定谁来做评估，评估时是否要求其评估人员具备特别技能，例如记录、统计、分析技能。拥有特别技能的人和时间都需确定。

第七步：确定评估方式。常采用定量和定性相结合的方法。

第八步：编制执行计划，包括具体任务分配、评估日程安排、经费预算等。

第九步：分析和展示结果。搜集相关信息，及时对搜集的信息进行整理和分析，分析可以在会议上讨论，也可以张贴出来发送信件供大家讨论。在评估手段运用上，需要将定性与定量方法结合使用，特别要重视主、客观指标的联合使用。

第十步：形成评估总结或报告。评估者还需要讨论和决定怎样使用评估结果和怎样让评估结果帮助改进项目的活动和效率。这部分地体现了项目评估的最终目的。

5.4.2 评估指标

指标是评估体系的重要组成部分，指标是可检测的、用来监测和评估变化的重要工具。它们是对由一项活动或一项产出带来的变化或结果的客观测量。指标提供了一个用于测量、评估或展示进程标准。合适的指标的选择是评估过程的一个十分重要的组成部分，好的指标应当具备有效性、敏感性、简单化、可衡量、可验证、成本低、相关性、准确性。一般来说，选择具体的指标时要根据不同的评估项目特点。

指标体系的构建原则主要有：

（1）公平、公正与多元统一原则。参与式管理的核心价值是公平、公正与多元统一，在农民用水户协会参与式水管理中集中表现为协会的高效、公平和可持续管理。

（2）短期、中期与长期绩效的统一原则。在公众参与过程中，一定会在短时期内凸显出某些方面的成绩，而中长期的绩效变化，则需要有一个适应、运转、改进、提高的过程，因此，在综合绩效评价体系的构建中，还需考虑短、中、长期绩效的统一。

（3）综合、全面原则。当前的一些评估普遍侧重于高效角度的"硬"指标测评，如参与率等，忽略了公平、可持续管理的"软"指标。因此，在评估体系的构建中，最终要达到综合、全面地反映当前公众参与的真实情况。

根据以上原则构建的指标体系如下：

（1）过程指标

1）公正程度

①参与的利益相关者的多样性；

②建设性对话；

③公正的过程。

2）适格程度

①参与者对事物的熟悉程度；

②提供多样性参与方法；

③使用相关信息的程度。

（2）结果指标

参与的效果：

①环境改善程度；

②对参与者的影响；

③纠纷发生率变化；

④纠纷处理率变化；

⑤公众参与率变化。

（3）能力建设指标

1）伙伴关系的建立。

2）学习。

①创新性；

②参与者的学习。

3）信任

①建立信任；

②当地民主。

5.4.3 评估的方法

不同类型的公众参与所采取的评估方法不同，以下是一些常用的方法：

（1）成本收益分析法 [①]

公共参与的成本有货币成本和非货币成本，货币成本主要是收集信息的费用、为参与公共事务而放弃的其他事情的机会成本、因参与而产生的交通费、通讯费等，非货币成本则主要表现为时间、体力、脑力支出等，还包括心理成本。公共参与的收益也是分为货币性的经济收益和非货币性的社会和环境收益。对于公众而言，目前对其短期行为产生主要的和直接影响的仍然是经济角度的成本和收益。

1）公众参与前的成本和收益。即使公众不参与公共事务的决策，保持原来的工作、生活，也会产生一定的费用，因此，这部分费用为公众即便不参与公共事务的决策也要产生的成本，用 C_1 表示。而收益是指公众没有参与政策的制定而得到的收益，用 I_1 表示。公众参与前的成本和收益的净收益用 ΔI_1 表示，收益成本率用 R_1 表示：

$$\Delta I_1 = I_1 - C_1$$

$$R_1 = \Delta I_1 / C_1$$

2）公共参与后的成本和收益。公众参与公共政策的制定的成本主要有：由于公众参与带来的附加费用，主要包括收集信息的费用、参与政策制定、讨论的花费，公众为参与而导致的交通、通讯费用、误工费等。公众参与后的成本用 C_2 表示，公众参与后的收益所得用 I_2 表示。公众参与到政策制定后的净收益用 ΔI_2 表示，收益成本率用 R_2 表示：

$$\Delta I_2 = I_2 - C_2$$

$$R_2 = \Delta I_2 / C_2$$

3）公众参与的净收益及其公式表达。对于普通大众来说，只有当参与之后的净收益超过不参与的净收益时，才会积极地参与公共决策。因此，公众参与净收益（ΔI）是公

[①] 王丽婷. 公众参与中的参与成本收益分析 [J]. 乐山师范学院学报，2006（08）：114-117.

众参与的最直接的经济动因，其公式表达为：

$$\Delta I = \Delta I_2 - \Delta I_1 = (I_2 - C_2) - (I_1 - C_1)$$

公众参与时会从自身利益角度来考虑，因此减少和降低参与成本对于真正做到公众参与非常重要。

（2）逻辑框架法

逻辑框架法（LFA）是由美国国际开发署（USAID）在 1970 年开发并使用的一种设计、计划和评价的方法。这种方法从确定核心问题入手，向上逐级展开，得到其影响及后果，向下逐层推演找出其引起的原因，得到所谓的"问题树"，将问题树进行转换，即将问题树描述的因果关系转换为相应的手段——目标关系，得到所谓的目标树，再进一步的工作要通过"规划矩阵"来完成。

逻辑框架法评估中常用定性分析方法，它是根据事务的因果逻辑关系，用一张简单的框图来清晰地分析一个复杂项目的内涵和关系。它把目标和因果关系划分为投入、产出、微观目的和宏观目的四个层次。这四个层次之间有着自上而下的垂直逻辑关系和各层次内部的水平逻辑关系（表 5-4）。

表 5-4 规划矩阵

概述	目的证实指标	指标验证方法	重要假定条件
目标	实现目标的衡量标准	资源来源采用的方法	目的和目标间的假定条件
目的	项目最终状况	资源来源采用的方法	产出与目的间的假定条件
产出	计划完成日期产出的定量	资源来源采用的方法	投入与产出间的假定条件
投入	资源特性与等级成本计划投入日期	资源来源	项目的原始假定条件

此方法能将复杂的问题简单化、条例化，可以用以分析项目的效率、效果、影响和持续性。1）项目的效率评价主要反映项目投入与产出的关系，即反映项目把投入转换为产出的程度，也反映项目管理的水平。2）项目的效果评价主要反映项目的产出对项目目的和目标的贡献程度。3）项目的影响分析主要反映项目目的与最终目标间的关系，评价项目对当地社区的影响和非项目因素对当地社区的影响。4）项目可持续性分析主要通过项目产出、效果、影响的关联性，找出影响项目持续发展的主要因素，并区别内在因素和外部条件提出相应的措施和建议。[1]

（3）对比分析法

对比分析法是通过比较各类数值，发现差异与成效的定量分析评估方法。

[1] 逻辑框架法. 百度百科. http://baike.baidu.com/view/4478230.htm.

包括：

1）项目实施前后对比法

2）有无对比法

（将一个与项目组邻近的但无实施项目的对照组与项目组进行对比）

3）综合对比法

（通过比较项目组前后测之差与对照组前后测之差来评估参与的实施效果。

第6章 促进公众参与的机构及能力建设

6.1 促进公众参与的机构及其职能

公众参与的有效开展，需要环保专业机构、民间环保团体等对公众进行引导、协助和过程支持。因此，要制度化开展流域水污染控制和社会环境影响评价中的公众参与，必须充分发挥相关部门和机构对公众参与的促进作用。

社会环境影响评价和流域水污染控制往往涉及不同的社会群体和不同部门，促进社会环境影响评价和流域水污染控制中的公众参与也涉及众多的部门和机构，主要可以分为政府机构、提供技术支持的机构、民间环保组织和媒体四大类。

6.1.1 政府机构

（1）环境保护局

一般来说，各省、市、县（区）都设有环境保护局，是主管本地区环境保护工作的政府直属机构。以设区的市环境保护局为例，其职责主要有：[①]

1）根据国家环境保护法律、法规，起草本市环境保护方面的地方性法规、规章草案；拟订本市环境保护规划；监督实施国家及市政府确定的重点区域、重点流域污染防治规划和生态保护。

2）统一监督管理地区内大气、水体、土壤、噪声、固体废物、有毒化学品以及机动车等的污染防治工作。

3）负责地区内核安全、辐射环境、放射性废物管理工作，拟订有关法规和标准；参与核事故、辐射环境事故应急工作；对核设施安全和电磁辐射、核技术应用、伴有放射性矿产资源开发中的污染防治工作进行监督。

4）监督对生态环境有影响的自然资源开发利用活动、重要生态环境建设和生态破坏恢复工作；监督检查自然保护区以及风景名胜区、森林公园环境保护工作；监督检查生物多样性保护、野生动植物保护、湿地环境保护、荒漠化防治工作；审核新建市级自然

---

① 市环保局主要职责 .http://www.bjepb.gov.cn/bjhb/publish/portal0/tab183/.

保护区。

5）协调解决本市重大环境问题；调查处理重大环境污染事故和生态破坏事件；协调解决区、县之间的区域、流域环境污染纠纷；组织和协调重点流域水污染防治工作；负责环境监理和环境保护行政稽查；组织开展全市环境保护执法检查活动。

6）根据国家标准和本市具体情况，制订污染物排放地方标准和国家规定项目外的地方环境质量标准，并按规定程序发布；审核城市（含城镇）总体规划中的环境保护事项；组织编报本市环境质量报告书；定期发布本地区大气、水等环境质量状况，发布环境状况公报，参与编制本市可持续发展纲要。

7）制订和组织实施各项环境管理制度；按照国家规定审批开发建设活动环境影响报告书；指导城乡环境综合整治；监督农村生态环境保护；指导生态示范区建设和生态农业建设。

8）组织环境保护科技发展、重大科学研究和技术示范工程；管理本市环境管理体系和环境标志认证；组织实施本市环境保护资质认可制度；指导环境保护产业发展。

9）负责环境监测、统计、信息工作；制订环境监测制度和规范；组织建设和管理环境监测网和环境信息网；组织对环境质量监测和污染源监督性监测；指导和协调环境保护宣传教育工作。

10）负责环境保护系统对外合作和对外交流工作；受政府委托处理地区内涉外环境保护事务。

其中与公众参与密切相关的主要有：

1）环境保护政策宣传和环境教育。环保局一般下设宣传教育处，其职能就是负责制定并组织实施本地区环境保护宣传教育纲要，组织协调环境保护新闻发布和污染事故等情况的通报及追踪报道，组织开展环境保护教育培训，负责推动社会组织和公众参与环境保护。

2）监测信息的发布。环保局的一项职能就是负责环境监测、统计、信息工作，并负责组织建设和管理环境监测网和环境信息网，公众可以在环保局网站上获得最新的环境监测信息。

3）在建设项目行政审批等与公众环境利益密切相关的重大决策中实行公开听证制度，通过听证、论证与座谈、走访等形式，充分听取公众意见，推动公众参与民主决策。

4）鼓励公众对环境违法行为举报，对如实检举、揭发、协查环境违法行为和协助环保部门查处重大环境违法行为的公民、法人和组织分别给予奖励，调动了公众参与环境监督的热情。另外，一些环保局还聘任环保社会监督员，如深圳市南山区 2010 年出台了《南山区环保局环境保护社会监督员联络管理试行办法》，并聘任了首批来自企业、教育、科研、文艺、社区等不同领域的环保社会监督员。环保社会监督员实行一年一聘，主要职责是宣传环保法律法规、监督环保部门执法情况、检举环境污染行为、向政府提出环境保护意见和建议等，他们通过召开工作报告会、开展座谈和现场考察、参与环保执法行动等方式，进一步增强环保部门与企业、市民之间的沟通，提高全社会对环境执法工作的知情权、参与权和监督权，构建广泛的环保统一战线。

（2）水务局

水务局是政府的水行政主管部门，负责职责区域内开发、利用、节约、保护、管理水资源和防治水害。其职能如下：

1）贯彻落实国家关于水务工作方面的法律、法规、规章和政策，起草本地区相关地方性法规草案、政府规章草案，并组织实施；拟订水务中长期发展规划和年度计划，并组织实施。

2）负责统一管理水资源（包括地表水、地下水、再生水、外调水）；会同有关部门拟订水资源中长期和年度供求计划，并监督实施；组织实施水资源论证制度和取水许可制度，发布水资源公报；指导饮用水水源保护和农民安全饮水工作；负责水文管理工作。

3）负责供水、排水行业的监督管理；组织实施排水许可制度；拟订供水、排水行业的技术标准、管理规范，并监督实施。

4）负责节约用水工作；拟订节约用水政策，编制节约用水规划，制定有关标准，并监督实施；指导和推动节水型社会建设工作。

5）负责河道、水库、湖泊、堤防的管理与保护工作；组织水务工程的建设与运行管理；负责应急水源地管理。

6）负责水土保持工作；指导、协调农村水务基本建设和管理。

7）承担本市人民政府防汛抗旱指挥部（本市防汛抗旱应急指挥部）的具体工作，组织、监督、协调、指导全市防汛抗旱工作。

8）负责本市水政监察和行政执法工作；依法负责水务方面的行政许可工作；协调水事纠纷。

9）承担水务突发事件的应急管理工作；监督、指导水务行业安全生产工作，并承担相应的责任。

10）负责本市水务科技、信息化工作；组织重大水务科技项目的研发，指导科技成果的推广应用。

11）参与水务资金的使用管理；配合有关部门提出有关水务方面的经济调节政策、措施；参与水价管理和改革的有关工作。[1]

---

[1] 水务局 . 百度百科 . http://baike.baidu.com/view/3036560.htm.

在环境保护方面,其职责主要是:水利设施建设、灌溉设施的建设、控制地表径流及检测、推广节水灌溉技术等,特别在促进公众参与方面,其职能主要有:帮助社区推广节水灌溉技术、参与社会影响和环境影响评估、参与水污染治理项目规划等。

(3)农业局

农业局是分管与三农(农业、农村、农民)工作的政府行政机构,其职能主要有:

1)贯彻执行国家有关种植业、畜牧业、农业机械化和农村经济发展工作的方针、政策和法律、法规、规章;研究拟订农业和农村经济发展战略、中长期发展规划,并经批准后组织实施;拟订农业综合开发规划并监督实施。

2)研究拟订农业有关产业方面的管理办法、规定等,引导农业产业结构的合理调整、农业资源的合理配置和农产品品质的改善;研究提出农产品、农业生产资料的价格及财政补贴的政策建议。

3)研究提出深化农村经济体制改革的意见;指导农业社会化服务体系建设和乡村集体经济组织、合作经济组织的建设;稳定和完善党在农村的基本经营制度和政策,指导农村集体土地承包和集体资产管理,调节农村经济利益关系;管理农业劳动力和指导其合理转移;指导、监督减轻农民负担和农村土地使用权流转工作。

4)拟订农业产业化经营有关措施和农产品市场体系建设与发展规划,促进农业产前、产中、产后一体化;组织协调和实施"菜篮子工程"建设;研究提出农产品、农业生产资料的进出口和农业利用外资的建议;组织、指导农业展览活动;预测并发布农业生产、农产品及农业生产资料供求情况等农村经济信息。

5)组织农业资源区划、农业环境和生态资源保护、生态农业和农业可持续发展工作;指导农用地、农村可再生资源的开发利用以及农业生物物种资源的保护和管理。

6)拟订农业科研、教育、技术推广及其队伍建设的发展规划、实施科教兴农战略;组织重大农业科研和技术推广项目的遴选及实施;指导优质、高产、高效农业基地建设;指导农业教育和农业职业技能开发工作。

7)做好农业有关产业技术标准的组织实施;组织实施农业有关产业产品及绿色食品的质量监督、认证和农业植物新品种的保护工作;拟订饲料生产的规划并指导实施;组织协调种子、种苗、农药、肥料、兽药、饲料、饲料添加剂等农业投入品的质量监测、鉴定和执法监督管理;组织市内生产及进口种子、种苗、农药、肥料、兽药、饲料、饲料添加剂等产品的登记工作。

8)负责种畜禽管理、兽医医政、兽药药政药检工作;组织实施对市内动植物的防疫和检疫工作,组织对疫情的监督、控制和疫病的扑灭工作。

9)承办市委农村工作领导小组的日常工作,负责对农村工作重大问题的调查研究、检查监督、综合协调和指导服务。①

其中，与在环境保护密切相关的有：引导农业产业结构的合理调整、农业资源的合理配置，如改变种植结构、降低氮磷排放等；组织农业资源区划、农业环境和生态资源保护、生态农业和农业可持续发展工作；指导农用地、农村可再生资源的开发利用以及农业生物物种资源的保护和管理；组织重大农业科研和技术推广项目的遴选及实施，如推广配方施肥技术降低氮磷排放、实施农村沼气工程以降低家畜粪便污染排放等。

在促进公众参与方面，农业局具有拟订农业科研、教育、技术推广及其队伍建设的发展规划、实施科教兴农战略；组织重大农业科研和技术推广项目的遴选及实施；指导优质、高产、高效农业基地建设；指导农业教育和农业职业技能开发工作的职责，因此会广泛开展农村地区环保宣传和教育、向农户推广低排放的农艺技术、推广农药和化肥减施技术、开展农户的技术培训等以更好地促进公众参与流域面源污染控制。

（4）市政管理局

市政管理局的职责主要有：

1）贯彻执行城市市政设施、公用事业、市容环境卫生、数字化城市管理、户外广告等行业管理工作的法律、法规、规章和政策；研究起草相关的地方性法规、规章和规范性文件，并组织实施；负责行政复议、行政诉讼工作。

2）组织拟订城市管理总体规划，编制城市市政设施管理维护、公用事业、市容环境卫生、数字化城市管理等行业发展规划和年度计划，并组织实施。

3）负责城市市政设施管理维护、公用事业、市容环境卫生、数字化城市管理等行业管理工作；负责拟订城市供水、供气、公共交通、污水处理、垃圾处理等行业特许经营管理办法，经批准后组织实施。

4）负责城市市政设施、公用事业、市容环境卫生、数字化城市管理等基础设施管理、养护、维修的项目立项、可行性研究报告、初步设计、施工管理工作；负责随市政道路同步敷设的其他管线建设的监督管理工作；协调参与占用城市道路停车场的审批与监督管理工作。

其中，与环境保护密切相关的有：市政污水处理管网和设施建设、垃圾的处理、环境监督等。在促进公众参与方面，主要体现在：社区环境意识宣传、组织听证会等。

5）流域管理局

流域管理局，顾名思义，就是以流域为单位，开展流域内的水行政管理。我国目前具有流域统一管理的流域管理还不多，下面以太湖流域管理局为例进行说明。

太湖流域管理局是水利部在太湖流域、钱塘江流域和浙江省、福建省（韩江流域除外）

---

① 农业局. 百度百科. http://baike.baidu.com/view/613339.htm.

范围内的派出机构，代表水利部行使所在流域内的水行政主要职责，为具有行政职能的事业单位，其职责是：

1）负责《水法》等有关法律法规的实施和监督检查，拟订流域性的水利政策法规；负责职权范围内的水行政执法、水政监察、水行政复议工作，查处水事违法行为；负责省际水事纠纷的调处工作。

2）组织编制流域综合规划及有关的专业或专项规划并负责监督实施；组织开展具有流域控制性的水利项目、跨省（自治区、直辖市）重要水利项目等中央水利项目的前期工作；按照授权，对地方大中型水利项目的前期工作进行技术审查；编制和下达流域内中央水利项目的年度投资计划。

3）统一管理流域水资源（包括地表水和地下水）。负责组织流域水资源调查评价；组织拟订流域内省际水量分配方案和年度调度计划以及旱情紧急情况下的水量调度预案，实施水量统一调度。组织或指导流域内有关重大建设项目的水资源论证工作；在授权范围内组织实施取水许可制度；指导流域内地方节约用水工作；组织或协调流域主要河流、河段的水文工作，指导流域内地方水文工作；分布流域水资源公报。

4）根据国务院确定的部门职责分工，负责流域水资源保护工作，组织水功能区的划分和向饮用水水资源保护区等水域排污的控制；审定水域纳污能力，提出限制排污总量的意见；负责省（自治区、直辖市）界水体、重要水域和直管江河湖库及跨流域调水的水量和水质监测工作。

5）组织制定或参与制定流域防御洪水方案并负责监督实施；按照规定和授权对重要的水利工程实施防汛抗旱调度；指导、协调、监督流域防汛抗旱工作；指导、监督流域内蓄滞洪区的管理和运用补偿工作；组织和指导流域内有关重大建设项目的防洪论证工作；负责流域防汛指挥部办公室的有关工作。

6）指导流域内河流、湖泊及河口、海岸滩涂的治理和开发；负责授权范围内的河段、河道、堤防、岸线及重要水工程的管理、保护和河道管理范围内建设项目的审查许可；指导流域内水利设施的安全监管。按照规定或授权负责具有流域控制性的水利项目、跨省（自治区、直辖市）重要水利项目等中央水利项目的建设与管理，组建项目法人；负责对中央投资的水利工程的建设和除险加固进行检查监督，监管水利建筑市场。

7）组织实施流域水土保持生态建设重点区水土流失的预防、监督与治理；组织流域水土保持动态监测；指导流域内地方水土保持生态建设工作。

8）按照规定或授权负责具有流域控制性的水利工程和跨省（自治区、直辖市）水利工程等中央水利工程的国有资产的运营或监督管理；拟订直管工程的水价电价以及其他有关收费项目的立项、调整方案；负责流域内中央水利项目资金的使用、稽查、检查和监督。[①]

　　流域管理局的职能与流域环境密切相关，涉及流域管理规划、执行流域管理职能、多部门协作的协调、污染监督等多种职能。在促进公众参与方面，《太湖流域管理局政务公开暂行规定》明确规定太湖流域管理局应向社会公众主动公开：太湖管理局规范性文件；流域水行政许可的事项、内容、依据、条件、程序、提交资料目录、办理时限、办理情况及救济途径；由太湖局组织实施的流域规划；组织实施的重点水利建设项目和重大政府采购项目的有关情况；主要江河汛情、水情及太湖流域管理局制定的突发性公共事件的应急预案、发生、处置等情况；流域公报等。此外，太湖流域管理局还鼓励公众参与流域水污染防治。

表 6-1　促进公众参与的机构及其职能

政府机构	环境保护中的主要职能	促进公众参与的职能
（1）环保局	制定相关环保政策和技术规范 氮磷排放的检测、监测 面源污染的识别 建设项目排放的监督 参与污染治理框架方案	环保政策宣传 环境教育 监测信息发布 开展治理项目的环境效果评价 组织环境影响听证会
（2）水务局	水利设施建设 灌溉设施的建设 控制地表径流及检测 推广节水灌溉技术	帮助社区推广节水灌溉技术 参与社会影响和环境影响评估 参与水污染治理项目规划
（3）农业局	推广配方施肥技术，降低氮磷排放 沼气工程，降低家畜粪便污染排放 改变种植结果，降低氮磷排放	开展社区环保宣传 推广低排放的农艺技术 开展农户的技术培训
（4）市政管理局	市政污水处理设施建设 垃圾的处理 环境监督	社区环境意识宣传 组织听证会
（5）流域管理局	流域管理规划 执行流域管理职能 多部门协作的协调 污染监督	政务公开 鼓励公众参与流域水污染防治

6.1.2　技术支持机构

　　（1）研究机构

　　环境科学研究院所是具备一定资质的经政府批准的开展环境影响评价的主要机构。一般而言，环评单位接受项目方的委托，然后给项目方提供环境影响评价服务。我国《环境影响评价法》第二十一条规定："除国家规定需要保密的情形外，对环境可能造成重

---

① 太湖流域管理局. 百度百科. http://baike.baidu.com/view/359231.html.

大影响、应当编制环境影响报告书的建设项目，建设单位应当在报批建设项目环境影响报告书前，举行论证会、听证会，或者采取其他形式，征求有关单位、专家和公众的意见。建设单位报批的环境影响报告书应当附具对有关单位、专家和公众的意见采纳或者不采纳的说明。" 第十一条："专项规划的编制机关对可能造成不良环境影响并直接涉及公众环境权益的规划，应当在该规划草案报送审批前，举行论证会、听证会，或者采取其他形式、征求有关单位、专家和公众对环境影响报告书草案的意见。编制机关应当认真考虑有关单位、专家和公众对环境影响报告书草案的意见，并应当在报送审查的环境影响报告书中附具对意见采纳或者不采纳的说明。"《规划环境影响评价条例》第二十六条规定："规划编制机关对规划环境影响进行跟踪评价，应当采取调查问卷、现场走访、座谈会等形式征求有关单位、专家和公众的意见。" 目前，环境影响评价报告中的公众参与一般都由环境影响评价机构开展，在环境影响评价报告中形成专门的公众参与章节。

（2）大学

大学除了具有教育的功能外，还有着研究和承担项目的功能，很多大学的研究中心可以独立开展社会环境影响评价、监测类方法研究、实施监测等。特别地，在促进公众参与方面，大学的研究中心可以承担一些公众参与类研究项目，开发促进公众参与的指南和培训教材、培训参与式方法。北京大学公众参与研究与支持中心就是这样一个典型的例子，该中心成立于 2004 年，是一个独立的非营利性学术研究机构，隶属于北京大学法学院。该研究中心提倡公众参与理念、推动公众参与实践、支持公众参与活动、观察和研究公众参与进程中的问题，促进公众参与制度建设。自成立以来，开展了很多公众参与的研究项目，诸如：公益法高级研究项目、中国透明度与公众参与项目、行政决策程序公众参与机制建设研究项目、中国治理评估项目、政府信息公开公众支持项目等，并出版了多种公众参与的指南和培训教材。

表 6-2 促进公众参与的技术支持机构及其职能

技术支持机构	环境保护中的主要职能	促进公众参与的职能
（1）研究机构 ①环科院 ②环境科学研究所	开展环境保护研究 开发污染物的监测方法 开展环境影响评价	开展参与式环评
（2）大学 ①发展研究机构 ②大学的环境研究所 ③水环境研究机构	开展环评 开展社评 开展监测和监测方法研究	培训参与式社评和环评方法 开发促进公众参与指南和 培训教材

6.1.3 民间组织

非政府环保组织在促进公众参与环境治理方面发挥了积极作用，一方面通过环境教育提高公众的环境意识，另一方面可以引导公众参与环境保护。20 世纪 90 年代起，中国的民间环保组织迅速发展壮大，截至 2005 年底，我国的环保民间组织共 2 768 家，总人数 22.4 万人，大致可分四类：一是由政府部门发起组建的环保民间组织，占 49.9%；二是由民间自发组成的环保民间组织，占 7.2%；三是学生环保社团及其联合体，占 40.3%；四是港澳台及国际环保民间组织驻内地机构，占 2.6%。在中国的环境保护领域里，较为著名的包括：自然之友、北京地球村、绿色家园志愿者、中国小动物保护协会、中华环保基金会、北京环保基金会、中国野生动物保护协会、北京野生动物保护协会、中国绿化基金会、中国环保产业学会、北京环保产业协会、中国植物学会、中国自然资源学会、中国环境科学学会、大学生绿色营和绿色大学生论坛、清华大学绿色协会、北京大学绿色生命协会、北京林业大学山诺会、上海市青少年环境爱好者协会、污染受害者法律援助中心等。

目前已经有很多环境 NGO 开展促进公众参与环境保护的活动，例如倡导环境保护、提高全社会的环境意识，开展监督、为环境事业建言献策，维护社会和公众的环境权益等。民间组织所拥有的大量的专业人力资源可以迅速发现问题、调查和记录问题，促进问题得到公开、透明的阳光化的解决，对促进公众参与具有积极的作用。以中国政法大学污染受害者法律援助中心为例，它就是一家以法律学者为主体，专门通过热线、代理诉讼的方式，向污染受害者提供法律帮助和司法救济的 NGO。在水环境保护方面，绿满江淮致力于水资源保护、倡导参与式流域管理，建立了淮河保护的网络体系，在沿淮城市建立起约 20 个淮河保护小组，推动草根组织的发展，此外在沿淮的中小学生中形成具有环境意识的 20 个环境小组，开展环境教育，其在监督企业排污、引导公众参与保护水环境方面作出了重要贡献。淮河卫士是淮河流域第一家经政府注册的民间环保组织，对淮河水污染及其治理进行持续的跟踪调查与监督，尽全力维护公众的环境权益，并为建立公众参与机制而积极努力。这些民间环保组织不仅本身就是公众力量的一部分，他们采取很多措施来保护水环境，还开展很多活动和项目来推动更广泛的公众的参与。

但是在流域水污染控制方面，我国专业的影响广泛的环保民间组织是十分缺乏的，从中国环境 NGO 在线上搜索水环境保护方面的民间环保组织仅有 27 家，约占其登记的 6.3%，如云南省大众流域管理研究和推广中心（绿色流域）、绿满江淮、清水同盟、长江环境等。有限的这些水环境保护方面的 NGOs 规模也不大，项目不多，影响力极为有限。

我国的民间社会仍然处于初级阶段，很多环保组织起步晚，发展不均衡，在发展中遇到了很多问题。第一，缺乏政策支持，其权利未有明确的法律界定，导致民间环保组织组织制度不健全，削弱了其在环境治理中作用。第二，缺乏足够的资金支持，政府对环保民间组织的资助极少， NGOs 的经费来源较为有限和单一，政府在鼓励个人和企业捐赠方面的措施还极为有限。第三，骨干人才少，缺乏足够的专业人力资源，中国 NGO 的专职人员较少，志愿者就更为缺乏，组织松散。第四，很多民间环保组织没有明确的定位，从事的项目十分广泛，不能集中精力、集中方向。此外，民间环保组织多着眼于整体利益，对公众个人行为和利益的影响不是十分重视，而且普通公众对民间环保组织的信任度不高，并不积极参与其组织的活动，影响力有限。

6.1.4 媒体

手机、互联网、数字媒体等新媒介的出现和迅速发展，不仅促进了公民素养的提升，也为有效的公民参与提供了多样化的途径，从而大大地促进了公民参与的发展和进步。最近几年中国的互联网等新传播技术的快速普及、发展，给公众提供了更加便捷的渠道，现代媒体提供了一个传播环境理念、开展环境教育的新平台，并充分利用现代媒体的优势，积极掌握舆论引导的话语权和主动权，主动引导公众的理性、有序参与。

（1）互联网

互联网是迄今为止最理想的沟通媒介，网络传输使得各类信息平等自由流动，人们能够得到最及时、最充分的信息交流和反馈，保障了环境信息公开，为公民参与提供了重要的信息来源。此外，互联网能更有效地实现强有力的舆论监督，网络空间为公众参与提供了更为理想的论辩环境，它保证了参与者的匿名权，这在很大程度上促进了公民参与的热情和积极性。公民不但可以通过网络接受、发布和交流信息，还可以充分利用这种新媒介的效率高、环节少和低成本来保障自己的权益不受侵害，例如公众可以在网上进行投诉与投票，发表意见和建议。

（2）电视

电视是 20 世纪出现的传播媒介，具有发布新闻、播放电视节目、政策宣传、公益广告等功能。自 20 世纪 90 年代起，我国就出现了一大批维护公共利益、捍卫社会公正的新闻媒体，如《焦点访谈》节目等。公众的权益受到越来越多的重视，使得电视对公民参与的发展起到了一定的促进作用。

（3）报纸

早在维新运动时期，国人就认识到了报刊在形成公众舆论中的重要作用，新文化运动的兴起、五四运动的爆发，报刊作为大众媒介的宣传作用得到了凸显。当前，虽然公众对报纸的依赖已经不高，但报纸仍然在宣传法律法规、发布新闻和评论方面具有重要的作用，如报道环境污染事件等。

表 6-3 促进公众参与的公共媒体及其职能

公共媒体	环境保护中的主要职能	促进公众参与的职能
（1）互联网	信息公开、公众监督平台	投诉，投票
（2）电视	公共监督平台 公益宣传 公众环境教育	环保公益广告 公众环境教育 提高公众参与意识
（3）报纸	报道环境污染事件 提高公众意识	环保公益广告

6.2 促进公众参与的机构的能力建设策略

公众参与的机构能力建设，是开展制度化的公众参与的前提，也是提升公众参与能力的重要基础。社会环境影响评价和流域污染治理公众参与机构能力建设应采取如下步骤：

（1）建立公众参与机构协调机制，由流域管理局牵头，召开定期协调会，制定促进公众参与的工作计划，并定期评估效果；

（2）在各机构确定参与社会评估和环境评估的专门人员或小组，为能力建设和培训的对象；

（3）机构能力分析：根据 6.1 节提出的机构及其在促进公众参与中的职能，开展多部门机构能力分析，提出机构能力建设的需求，作为能力建设和培训的依据；

（4）大学和环境研究机构专家协助开发《公众参与方法指南》，作为培训公众参与协调人员的参考手册，同时作为指导社区参与式社会影响评价和参与式环境影响评价的手册；

（5）开展"流域污染治理公众参与协调员参与式方法培训"，为环保部门、水利部门、农业部门、畜牧部门、流域管理局、地方环保磋商小组培训公众参与协调员；

（6）公众参与协调员为培训者，培训各县区环保、水利、农业、畜牧各部门的技术人员，使他们掌握促进公众参与社会评估和环境评估的基本方法。

各个政府部门应对开展公众参与方法的人员培训和开展太湖流域污染治理项目及开展建设项目社会评估及环境影响评估提供必要的资金支持和政策支持。地方政府对环境污染治理的重视和支持，是有效实施公众参与的重要前提。

在我国非政府环保组织的能力建设方面，应当采取以下措施：

（1）增加非政府环保组织的活动内容，加强环保效果。我国非政府环保组织应该不断扩大活动的领域，积极触及和延伸到对环境决策、环境评价、环境立法等方面的参与。

另外，环保活动要加强持久性和连贯性，以全方位参与环保的姿态，在资源节约型、环境友好型社会的创建中发挥更重要的作用。

（2）中国本土非政府环保组织要成功处理环境问题，就必须在全球影响和本土领导间找到恰当的平衡点。除借鉴国际环保运动发展最新趋势外，还应立足我国政治、经济、社会发展现状，打造科学、理性、专业、合作的制度化机制。同时要加强人员队伍建设，加强专业化培训，提高参与的能力。

（3）坚持独立的观点和声音。虽然中国的民间环境组织还处于弱小期，但中国本土非政府环保组织始终应该坚持独立的观点和声音。让环境 NGO 拥有不同的观点和价值取向的意义在于，经过博弈达成的结果要比未经讨论的一言堂更优，这与环保人士对地方政府的某些项目和某些企业的行为进行监督，揭示出一些问题从而加速了问题的解决是一个道理。任何公开的讨论，尤其是涉及公共利益的讨论都是有益的。让环保 NGO 中有一些不同观点，不仅可以促使这些组织自身出言更谨慎，也使得公众有机会得到更理性的思考。

（4）建立非政府组织同政府、企业之间的桥梁，增强我国政策出台的科学性和实效性。非政府组织发挥着政府和市场之外的第三部门作用，具有广泛的信息渠道，能够及时获得信息和传播。只有保证政府与非政府组织之间的信息畅通，我国才能更好地发挥统一国家的群体优势，及时处理突发事件，促进人与社会的和谐发展。

（5）建立非政府环保组织协作网。关注于同一领域的公民社会组织可以积极探索建立合作与交流模式。单个的非政府环保组织可以通过组织联合，形成一个全国性的非政府环保组织协作网，促进信息资源的交流和共享，提高组织效率。

6.3 公众参与的能力建设

公众的环境保护知识和参与环保的意愿是公众参与能力的重要影响因素。因此，要加大对社会环境影响和流域保护知识和法律知识的宣传和教育，提高公众的环境保护知识和环境法律知识的掌握程度，使公众能够掌握环境常识，了解进行社会环境影响评价和流域水污染控制的意义，以及自己在流域水污染控制方面拥有的权利、义务，从而增强公众的参与意识。

6.3.1 宣传和教育

（1）内容

在公众参与社会环境影响和流域保护方面，宣传和教育的主要内容有：

1）农业生产活动与面源污染及降低面源污染的技术：化肥、农药使用造成的污染，饲料添加剂的使用造成的污染，家畜的粪便造成的污染，降低污染的生产技术和管理技术等；

2）低碳经济，清洁能源发展机制与有机农业，绿色农业与水污染的控制；

3）社区垃圾及污水排放造成的污染，降低污染的措施和途径；

4）个体、家庭环保意识提高，生活行为的改变对降低污染的贡献：垃圾分类的步骤，方法，垃圾的集中收集；

5）工业建设项目对社区的环境影响，哪些重金属和化学废弃物的排放会对社区居民健康产生影响，如何降低这些影响，为什么要参与环评，如何参与环评，参与环评和社评的途径和方法。

（2）公众环保宣传的途径和策略

1）公众环保意识的基线调查；

2）确定公众环保宣传的内容和途径；

3）设计宣传材料；

4）开展公众宣传。

①公共媒体

　　电视公益宣传片

　　报纸

　　互联网

②社区宣传

　　社区环保宣传日

　　社区环保宣传挂图

　　学校环保宣传日

　　发放环保小册子

　　社区文化活动中的环保宣传

　　社区环保示范

　　发挥环保志愿者的作用

（3）公众环保宣传的效果评估

1）确定效果评估的指标

①环保意识的提高程度：和基线调查结果对比；

②环保知识提高程度：和基线调查结果对比；

③环保行为、态度的改变程度；

④公众的参与率；

⑤对公共环保事件的知晓率；

⑥参与能力的提高程度。

2）开展公众环保意识和参与能力的评估

①组建调查小组：环保局，环保民间组织，社区环保磋商小组，社区机构共同组成；

②制定评估工作方案，确定任务和分工；

③设计调查问卷：参考以上指标；

④在选择的试点区域开展公众宣传参效果评估；

⑤分析调查结果，得到公众宣传效果的结论，为继续开展宣传提供参考；

⑥公示评估的结果。

第7章 公众参与的实践

7.1 信息公开——公众参与形式之一

7.1.1 长三角地区企业环境信息公开

（1）概述

近年来，长三角地区用颜色对企业环境行为进行综合评价定级，按照企业的环境表现，评价结果通常分为很好、好、一般、差和很差，并以绿色、蓝色、黄色、红色和黑色五类颜色标识（其中绿色代表环境表现最好，黑色代表最差），然后将分级结果通过各类媒体向公众公开，公众一目了然。企业环境信息公开使得市场、公众、投资者等利益相关方了解企业的环境表现，从而通过各种途径对环境表现差的企业施加压力，促进其改善环境表现。

为推动长江三角洲地区企业环境行为信息公开工作，提高企业环境意识，规范企业环境行为，保障公众环境权益，实现区域企业环境信息共享，提升区域环境管理水平，2009年4月江苏省环保厅、浙江省环保厅、上海市环保局根据《环境信息公开办法（试行）》（国家环保总局令第35号）、《关于加快推进企业环境行为评价工作的意见》（环发[2005]125号）、《长江三角洲地区环境保护合作协议（2009—2010年）》等规定，结合长江三角洲地区实际，联合制定下发了《长江三角洲地区企业环境行为信息公开工作实施办法》、《长江三角洲地区企业环境行为信息评价标准（暂行）》等量化评价标准，降低主观因素影响，促进评价结果更全面、准确、客观、公正。三省市环保厅局还共同研究确定了参评企业名单，统一明确实施评价的步骤及时间节点，并按照评价标准设计了系列表格用于区域评价。

（2）过程和方法[①②]

1）成立专门的工作小组：上海、江苏、浙江三省（市）环保部门成立工作小组，依照规定具体负责各自辖区内企业环境行为评价工作，建立和完善企业环境行为评价工作的管理协调机制，定期交流情况，按时汇总信息，报送评价结果。执行统一的《长江三

---

① 《企业环境行为评价技术指南》。
② 《长江三角洲地区企业环境行为信息评价标准（暂行）》。

角洲地区企业环境行为信息评价标准（暂行）》，推进区域企业环境监管一体化。

2）确定对象：参照国家评价范围确定企业环境行为评价对象，鼓励其他企业自愿参加，逐步增加参评企业数量。国控、省控企业作为长江三角洲地区企业环境行为评价重点。

3）评价过程：长江三角洲地区各省辖市、县（市、区）环保部门按照属地管理的原则，负责组织辖区内企业环境行为评价工作，并将评价结果按时汇总上报省（市）厅（局）企业环境行为信息公开工作小组。

评价程序：确定区域参评企业名单→收集汇总企业基本情况→分析企业环境行为信息→初评企业环境行为等级→告知企业初评结果→复核反馈意见→审议确定评价结果。

评价的指标包括 3 方面共 17 项指标：

污染排放指标。主要从地表水、大气、固体废物和厂界噪声四个环境要素来考察企业污染行为。针对地表水和大气环境要素，分别从浓度排放和总量控制要求两个方面来分析和评价。根据试点情况，结合现行环境标准，选取了 13 个评价因子，包括化学需氧量、石油类、氰化物、砷、汞、铅、镉、六价铬、氨氮、烟尘、工业粉尘、二氧化硫、工业固体废物。

环境管理指标。主要从企业内部的环境管理角度来评判企业的环境行为，其内容包括落实环境管理的基本要求、清洁生产审核和环境管理体系认证（ISO 14001 认证）情况。其中环境管理基本要求包括 6 个方面：按期缴纳排污费；按期进行排污申报；按期、如实填报环境统计资料；排污口的规范化管理；建设项目符合规定程序和实行"三同时"；落实企业环保人员、环保机构及环保管理制度情况。

社会影响指标。主要从社会影响来考察企业环境行为，包括公众的投诉情况、突发环境事件（分为一般环境事件、较大环境事件、重大环境事件和特别重大环境事件）、环境违法及行政处罚情况。

评价的标准采用《企业环境行为评价技术指南》公布的适用于东部地区的 A 类标准。

4）建立管理信息系统：在现有环境监测、监察、统计、污染控制等环境信息的基础上，按照企业环境行为评价的工作需要，建立企业环境行为数据库和相应的计算机管理信息系统，确保数据的合法性及准确性，使评价结果客观、准确、公正。必要时，补充监测。

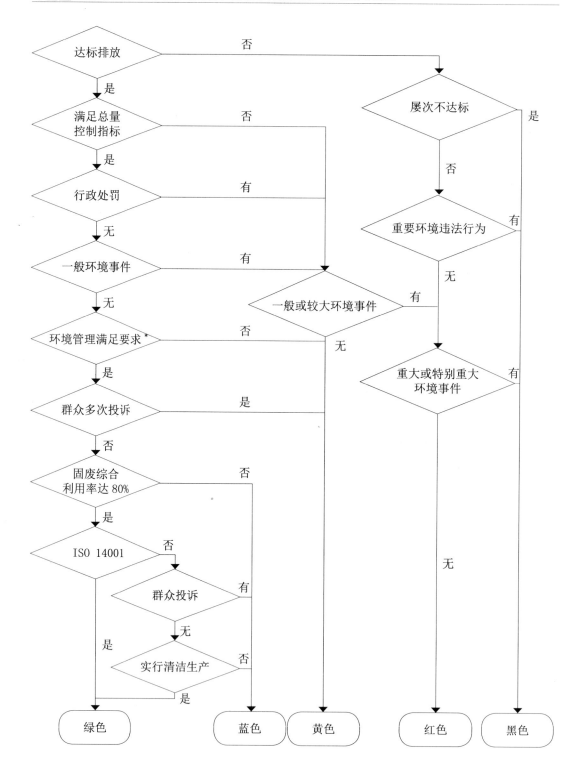

图 7-1　企业环境行为分级的工作程序

* 环境管理满足要求：按期申报排污。按期缴纳排污费，排污口实行规范化管理，建设项目规定程序完成环评审批并实行"三同时"，并落实环保机构，人员及完善环境管理制度。

表 7-1 企业环境行为分级

环境行为分级标志色	环境含义	环境行为等级描述
绿色（很好）	环境行为优秀	企业达到国家或地方污染物排放标准和环境管理要求，通过 ISO 14001 认证或者通过清洁生产审核，模范遵守环境保护法律法规
蓝色（好）	环境守法	企业达到国家或地方污染物排放标准和环境管理要求，没有环境违法行为
黄色（一般）	基本达到环境管理要求	企业达到国家或地方污染物排放标准，但超过总量控制指标，或有其他环境违法行为
红色（差）	环境违法	企业做了污染控制的努力，但未达到国家或地方污染物排放标准，或者发生过一般或较大的环境事件
黑色（很差）	严重违法	企业排放污染物严重超标或多次超标，对环境造成较为严重的影响，有重要环境违法行为或者发生重大或特别重大环境事件

5）企业环境信息公开：企业环境行为信息评级周期定为一年，在每年“6·5”世界环境日前，将本地区企业环境行为信息评级结果，通过政府网站、报刊、广播等形式向社会公开，社会公众也可以提交申请公开某些信息。公开的内容包括企业名称、法人代表、地址和评价等级等。此外，工作组还将企业环境行为信息评价结果及时通报金融、工商、证监等管理部门，并纳入社会信用体系。对评价为“绿色”等级的企业，依照国家有关规定优先安排环保专项资金项目，享受上市环保核查程序减免、评优创先推荐及其他鼓励政策。对连续两次以上评价为“黑色”的企业，依法责令其停产整治，仍然达不到环保要求的，报请同级人民政府实施关闭。

6）公开效果评估：企业环境行为评价结果公开后，对企业环境行为评价前后的评价等级进行评估，掌握企业环境行为评价的效力。同时，采取问卷调查、网络调查或设立热线，并做好调查结果的汇总和分析。

7）动态管理：专门的工作小组对企业的环境行为评价实施动态管理。即在年度评定周期内，企业发生下列环境行为之一的，将按月实施企业环境信用等级动态调整：有一次环境行政处罚但能及时履行处罚决定并整改到位的，降为“黄色”；有一次环境行政处罚但不能及时履行处罚决定并整改到位的，或有两次环境行政处罚但能及时履行处罚决定并整改到位的，降为“红色”；有 3 次（含 3 次）以上环境行政处罚，整改不到位，降为“黑色”；出现有效信访投诉并且未按期限要求完成整改和化解要求的，一律降为“黄色”或“黄色”以下等级；出现群体性上访或造成一定环境影响和危害的，降为“黑色”；发生一般环境事件降为“红色”；发生较大以上环境事件降为“黑色”。

（3）成效与讨论

企业环境行为评定直接与信贷挂钩，江苏各地的金融部门将企业环境行为评定结果作为贷款发放的主要依据之一。绿色信贷的具体实施是：绿色企业优先贷款，还有利率优惠；蓝色企业继续贷款支持；对黄色企业在现有的信贷规模上，保持不变；对红色企业，除环保方面的设备改造和技术更新外，一律不得新增信贷资金；黑色企业不但停止贷款，如企业未采取任何治理污染的实质性行动，在规定期限内不能达到环保要求，已发放的存量贷款还要全部收回。

江苏常州市在 2007--2010 年，对鼓励类项目，给予信贷支持 712.121 5 亿元；对限制和淘汰类新建项目，拒绝提供信贷支持 393.160 亿元；对于淘汰类项目，收回已发放贷款 126.014 8 亿元；对绿色、蓝色企业，给予信贷支持 194.825 5 亿元；对黑色、红色企业，收回已发放贷款 3.247 8 亿元。①

企业环境信息的公开，一方面有助于公众更好地监督企业的环境行为，弥补单纯依靠政府部门执法的不足，在一定程度上有利于排污企业更好地遵守环境法律、法规；另一方面有助于强化企业的环境责任意识，把企业环境行为的好坏公之于众，并逐步成为社会评价企业、选择其产品的依据，在生产、流通、消费等多个环节中，以是否做到"环境友好"作为评判标准，真正形成一种绿色企业获得市场赞誉和回报，污染严重的企业处于强大舆论压力下的社会氛围。

7.2 意见征求——公众参与形式之二

7.2.1 建设项目——圆明园东部湖底防渗工程中公众参与

（1）概况

由于北京市严重缺水，京密引水渠 2001 年开始停止向圆明园所在地海淀区农业供水，使海淀区失去供水源。圆明园湖底渗漏系数较大，渗水性较强。经测算，如果圆明园要想常年保持 1.5m 深的水面，每年蓄水量为 900 万 m³。圆明园的环境用水被列入用水计划，北京市水务局每年只能供给圆明园 150 万 m³ 水，不能满足圆明园的用水需求。圆明园的缺水状况成为了妨碍圆明园系统的主要矛盾，供水的严重不足和圆明园自身的渗漏。生态环境逐年恶化，大量的动植物消失灭亡，品种逐年减少。湖水深度不够，开放区内游船经常无法正常营运。

根据北京市和圆明园的缺水的现实情况，2003 年 10 月，圆明园管理处制定了圆明

① 人民网．江苏五色评级制：让污染企业"睡不着" [EB/OL]．（2011-12-22）[2012-02-01]．http://env.people.com.cn/GB/16682628.html.

园水资源可持续利用规划，以及圆明园节水灌溉工程、东部湖底防渗工程、内湖工程等项目，提出可行性研究报告，圆明园水资源可持续利用规划指出，圆明园水渗漏严重，必须有选择地对湖底进行防渗处理。圆明园管理处采取了铺设防渗膜的措施，首先对湖底进行土方开挖，然后铺 5cm 厚细沙土或过筛土，并碾压密实。在辗压后的湖底铺设 0.4mm 厚土工膜（一层高密度聚乙烯薄膜加一层聚酯纤维织物保护层），膜上回填 50 ～ 70cm 厚普通土。2005 年 2 月，圆明园湖底防渗工程开工，范围主要包括东部开放区长春园、绮春园及福海，至项目停工，工程已完成计划 755 000m² 中的 699 500 m²。

（2）过程

2005 年 3 月 22 日，公民张正春游玩圆明园被眼前到处白花花的薄膜震惊，对圆明园管理处在湖底铺设防渗膜的做法产生质疑，随即向《人民日报》和其他几家北京的媒体反映情况，希望通过媒体的报道，引起大众和有关部门的注意。3 月 28 日，《人民日报》和人民网同时披露"圆明园湖底铺设防渗膜遭专家质疑"的消息，称圆明园铺设防渗膜是一次彻底的、毁灭性的生态灾难和文物破坏。该消息一出，立即引起社会上的广泛关注。国家环保总局在得到信息后迅速派出调查组进行调查，调查中发现圆明园防渗工程未进行环境影响评价擅自开工。4 月 1 日，国家环保总局发布《关于责令圆明园环境综合整治工程停止建设的通知》叫停该工程。4 月 5 日，国家环保总局发出《关于责令限期补办圆明园环境综合整治工程环境影响评价报批手续的通知》。11 日，国家环保总局发出《关于圆明园整治工程环境影响听证会的通告》。并附具了共 73 人的圆明园整治工程环境影响听证会代表名单。

13 日，由国家环保总局组织的圆明园整治工程环境影响听证会如期开始。听证会邀请了 22 个相关单位、15 名专家、32 名各界代表参加听证会，他们中最大的清华大学的教授吴良镛 83 岁，最小的北京理工附小小学生高梦雯 11 岁。与会代表既有知名专家学者，也有普通市民与下岗职工；既有各相关部门的负责人，也有各民间社团（自然之友）的代表；既有圆明园附近的居民，也有千里之外赶来的热心群众。三个半小时的听证会在激烈争论的气氛下进行，争执双方唇枪舌剑，争锋相对。以张正春（质疑防渗工程第一人）、李皓（地球纵观环境教育中心）、崔海亭（北京大学教授）、李楯为代表的专家坚决反对铺设防渗膜，他们认为防渗膜破坏了圆明园水系和生态整体，会造成整体生态功能的下降，损害生物多样性，导致水体富营养化，对文物保护产生危害且破坏美学景观。而以圆明园管理处、檀馨（园林世纪专家）为代表的与会者则认为湖底防渗是必要的，可以缓解圆明园因为缺水造成的生态破坏。对于防渗膜是否影响总体生态没有科学定论，且在对其他已铺设防渗膜的园林的实地考察发现，有关园林反映较好，植物、鸟、水保护得都很不错。多家媒体对听证会做了第一时间报道，新华网也整个过程进行了全程直播，使公众及时了解听证会上各种不同的声音。

5月9日清华大学环境科学与工程系正式接手环评项目后，即联合北京师范大学、中国农业大学、首都师范大学等单位对圆明园进行环评。国家环境保护总局2005于年6月30日受理了圆明园管理处提交的《圆明园东部湖底防渗工程环境影响报告书》，并于7月5日在该局网站公布了环评报告书，同时组织专家对环评报告书进行了认真审查。7日，国家环保总局副局长潘岳向新闻界通报同意报告书结论，同时要求圆明园东部湖底防渗膜工程必须进行全面整改。根据整改要求，绮春园除入水口外，已铺的防渗膜全部拆除，回填黏土和原湖底的底泥。湖岸边不再铺设侧防渗膜，福海已经铺设的防渗膜进行了全面改造。2006年7月12日，圆明园管理处接到了市环保局验收合格的通知。至此，圆明园铺膜事件画上了句号。

（3）成效

圆明园铺膜事件是公众参与环境保护中具有标志性的意义事件，公众参与和舆论监督推动和改变了事件的最终结果。它实现了两个"第一次"：环保领域第一次举办了一场真正意义上的听证会，各种意见都得以表达；第一次把执法的全过程公开，从叫停到听证、环评、评审，直至决策的全过程，国家环保总局都主动向社会完全公开。

从最初公民张正春向媒体提出质疑，到《环境影响评价法》实施以来首个真正意义上的公众听证会，再到《圆明园东部湖底防渗工程环境影响报告书》编制，公众参与是空前的，专家学者、圆明园附近居民、普通市民、NGO组织、外地游客和广大网民都积极参与其中，他们通过向媒体反映、参加听证会、现场问卷、网上调查等多种方式表达自己的观点。

事件体现了公众对圆明园特殊文物价值和生态环境保护的关心，并希望通过各种方式吐露心声、建言献策，公众环保意识和可持续发展理念深入人心，同时也给政府部门创造了一个推动公众与NGO组织参与环境保护决策的机会，实现了政府与公众之间互动。

公众参与的初步尝试尽管意义重大，但也从中暴露出不少的问题，如听证会代表的选取，代表发言的科学性、会场的组织以及环评中公众参与问卷调查中细节问题。制度化和规范化成为公众参与的必经之路，此次事件也加速了2006年《环境影响评价公众参与暂行办法》的颁布。

7.2.2 城市规划项目——上海市浦东新区城市规划中公众参与

（1）概况

城市规划是行政规划的一种，是政府为了促进一定时期内城市经济、社会和环境的协调和可持续发展，组织未来城市空间发展战略、布局和政策，并依法对城市发展土地的使用和各项建设的安排，实施控制、引导和监督的行政管理活动。近年来，越来越多的公众参与到城市规划的制定和决策过程，也是公众参与领域一道亮丽的风景。

2004 年之前，上海市浦东新区规划公众意见的听取方式，主要采取了重点区域规划向人大、政协进行汇报、召开专家评审会和论证会等方式进行。2004 年，根据上海市有关规定，浦东新区规划管理部门对凡周边有敏感建筑的建设项目方案均进行了审批前公示，听取公众意见，在协调无重大矛盾的前提下方进行审批。

2006 年 8 月开始，浦东新区积极响应上海市规划局关于控制性详细规划在上报审批前应当听取公众意见的规定要求，在不到半年的时间内，已经组织了 10 次规划意见征询会或规划咨询会，其中的 3 次是通过网络举行。2007 年 8 月出台了《浦东新区制定社区详细规划听取公众意见办法》（浦府［2007］182 号），对控制性详细规划制定过程中听取公众意见的程序、展示草案的内容、收集公众意见的方式、公众意见的研究处理、规划上报和审查等内容进行了详细规定，进一步加强了控制性详细规划听取公众意见的可操作性，明确了以召开专家评审会及在浦东新区规划局网站进行规划草案展示为主，以召开居民座谈会为辅的规划公众参与方式。

（2）参与的过程和方法

1）公开规划信息

规划信息的公开和透明是公众参与的前提，在参与过程前，组织编制部门向规划所在区域的公众公布有关规划的政策、法规、技术和管理程序，同时公开规划的草案，并告知收集公众意见的方式、期限和相关的事项。此外，在规划草案展示前五天内，组织编制部门在展示地点、政府网站或者通过公告、报纸、广播、电视等新闻媒体，向公众预告规划草案展示的相关信息，使公众了解规划的过程，实现积极、有效的公众参与。

浦东软件园陆家嘴分园控制性详细规划调整（草案）征询公众意见
发布时间：2007-11-14 8:09:13

根据《上海市城市规划条例》及《上海市制定控制性详细规划听取公众意见的规定》（试行）的要求，现于2007年11月12日起对《浦东软件园陆家嘴分园控制性详细规划调整》规划草案予以公示，听取公众意见。

详见浦东规划网：http://planning.pudong.gov.cn/

草案公示时间：2007年11月12日至12月1日。

如反馈意见，请于2007年12月6日前将书面意见邮寄至：浦东新区世纪大道2001号3号楼220室，浦东新区规划管理局规划处，邮政编码：200135。电子邮件：guiweiban@sina.com，并请注明规划公示意见反馈。

图 7-2 上海浦东软件园陆家嘴分园控制性详细规划征询公众意见

资料来源：投资浦东 . 新闻资讯 . http：//www.pdi.org.cn/cn/news/show.do?id=PANW00002353.

2）公众参与组织形式选择

组织编制规划的部门可以采取发放公众意见调查表、网上收集意见、召开座谈会、论证会等方式进行公众参与。

考虑到浦东新区区域面积大，居民结构复杂，正可以利用居委会这一有利条件，形成从区政府（规划局）—各功能区管委会—街道办事处—居委会—业主委员会—社区居民的一个严密网络体系。

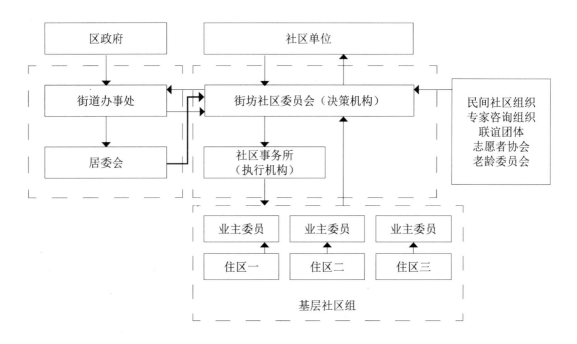

图 7-3　城市规划项目公众参与的组织形式

3）参与主体的选择

在陆家嘴中心区控制性详细规划中，第一阶段，针对本规划将对未来上海城市重要影响，规划内容涉及所有公众的利益，因此，召开了全市各层面的机关干部、专家学者、普通市民甚至国内外专家学者进行了广泛的动员和参与。第二阶段，在深化过程中，具体规划内容涉及部分公众的利益，因此，召开了这部分公众代表的座谈会，听取意见。可见，对待不同层面的问题，控制性规划有着不同的效用范围和参与群体；在规划编制过程中的不同阶段有其相应的参与社会群体。

4）收集公众意见并处理

组织编制规划部门对公众参与情况进行处理，对公众的意见进行归纳和整理，提出采纳、部分采纳或者不予以采纳的处理建议，纳入规划深化完善意见。

表 7-2　各阶段公众参与内容与主体

参与阶段	参与内容	参与主体
前期组织	发现地区问题	专家学者、科研机构、开发商
	设定地区发展目标	专家学者、科研机构
	信息收集、公众宣传	规划地区居民、单位负责人
草案编制	方案探讨	专家学者、科研机构、规划地区居民、单位负责人
	座谈会	规划地区居民代表、单位负责人、开发商、人大代表、政协委员和相关人员
	论证会	相关专业（行业）人员、科研机构、有关专家学者或者其他公众代表
	草案展示	规划地区居民代表、单位负责人、开发商、人大代表、政协委员和相关人员、相关专业（行业）人员、科研机构、有关专家学者或者其他公众代表
规划成果编制	成果评审会	政府机关干部、相关专业（行业）人员、科研机构、有关专家学者
规划审查和审批	审批旁听会	规划地区居民代表、单位负责人、开发商、人大代表、政协委员和相关人员

5）反馈

组织编制规划的部门在上报规划草案之前，将公众意见采纳的结果在政府网站或者通过原渠道公布。

（3）成效

公众参与规划的举动让公众不再感觉政府的规划决策很神秘，极大地调动了公众参与政府决策的热情。公众通过表达意见的平台，可以对权力进行制约和监督，实现决策的科学性和有效性，同时也有利于规划决策的实施。

7.2.3　流域规划项目——2003 年"怒江水电之争"

怒江是流经云南省的三大国际河流之一，发源于青藏高原唐古拉山南麓，经西藏流入怒江傈僳族自治州境内，纵贯贡山、福贡、泸水等县流入保山市出境。出境后称为萨尔温江（或丹伦江），最后入安达曼海，至今在干流上仍没有一座水电站，没有一道拦河坝。处于横断山脉的核心位置，其中上游流域是全球地形最崎岖险峻的地区之一。 正是由于地理上的封闭性，至今未进行大规模的经济开发，全流域的原生态基本保存完整，是我国仅存的两条至今保留着天然特色的江河（另一条是雅鲁藏布江）之一。正是由于怒江生态仍然保持着高度的自然性，方具有无可替代的科学研究价值和环境保护的价值。

怒江大峡谷地处全球 25 个生物多样性最丰富的热点区域之一（中国西南山地生物多样性热点的核心地带），同时也是"三江并流"世界自然遗产地的关键组成部分。

怒江下游 30hm² 野生稻，是目前全国保存最完好的野生稻种群，是中国极其重要而珍贵的基因库，中国杂交水稻的进一步研究与开发将以此为基础。怒江应作为一条生态江河予以保留。

怒江州山地面积占 98%，气候最温暖，土壤最肥沃，物产最富饶的河谷仅占全州土地面积的 2%，它是怒、傈僳、普米、独龙、白、藏等 22 个民族聚居的家园。由于世代与独特的自然环境的互动，创造和积淀了与峡谷生态共存的传统生计及习俗，形成了独具魅力的怒江文化。怒江流域多元一体的文化形态，为当今民族纷争的世界展示出了多元文化和谐共处的典范。

三江并流世界自然遗产地，是 2003 年才被联合国教科文组织正式批准的，位于滇西北怒江、澜沧江和金沙江并流区域内。怒江两岸有兽类 154 种、鸟类 419 种、两栖类 21 种、爬行类 56 种、昆虫 1 690 种。怒江共有土著鱼类 48 种，特有属 1 个，特有种类 17 种。

怒江州全州 98% 以上的面积都是高山峡谷，坡度在 25° 以上的占 76%，全州 72 万亩耕地大部分是"挂"在陡坡上，有效耕地面积无法满足群众吃饱饭的基本生存要求，有 4 万余人丧失基本生存条件。全州居住着 22 个少数民族，由于特殊的地理、历史原因，地区之间、民族之间生产力发展差异很大，社会发育仍处于社会主义初级阶段的最低层次。全州义务教育仅基本完成"普六"，粮食平均亩产仅 149kg，科技对农业、工业的贡献率不到 20%，还有相当多的地方保留着传统的刀耕火种的生产方式。州内无国道穿过、无公路网络、无完整的三级以上公路，55% 的农村运输以人背马驮为主，60% 的地区运输困难，全州城镇化水平不到 15%，年发电量仅能达到需求的 20%。全州经济社会发展困难重重：一是扶贫攻坚的任务十分艰巨。怒江州被称为云南省扶贫攻坚的"上甘岭"。由于经济发展滞后，基础设施薄弱，群众增收渠道少，形成了很高的返贫率。同时，全州城镇居民人均可支配收入仅 3 600 元，提高城镇居民收入、解决城镇低收入居民生活的任务也十分严峻；二是经济结构战略性调整矛盾和困难突出，具体表现在财政收支矛盾尖锐和资源优势难以转化为经济优势两个方面。实施"天保工程"，长期支撑地方经济的森工产业退出后，替代产业在短期内难以形成，在财政收入减少的同时农民收入没有找到新的增长点，农民人均纯收入的增长幅度由 2000 年的 5.8% 下降到 2002 年的 0.6%。怒江州有丰富的生物、矿产、旅游、水能等资源优势，由于受各种因素的制约，短期内难以形成优势。三是环境保护的任务十分艰巨。生态建设和环境保护一靠投入治理、二靠封山育林、三靠移民搬迁，没有经济社会的发展、没有地方财力的持续增长，生态环境保护便难以落到实处。

面对众多困难，怒江州委、州政府抓住实施西部大开发战略和"西电东送"资源配置的历史机遇，围绕省委、省政府制定的建设发展电力支柱产业的云南发展战略，计划开发怒江中下游水能资源，建设两库十三级、装机容量达 2 132 万 kW 的特大型电站。

（1）怒江开发规划

2003 年 8 月 14 日，由云南省怒江州完成的《怒江中下游流域水电规划报告》通过国家发展和改革委员会主持评审。为体现规划的科学合理，突出开发与保护协调发展，在规划期间共踏勘了 16 个梯级河段、23 个坝址，在不同的分段比选的基础上组成中下游整体梯级开发的四个不同方案。最后，拟定方案四为中下游梯级开发方案，即松塔（龙头水库）—丙中洛—马吉（龙头水库）—鹿马登—福贡—碧江—亚碧罗—泸水—六库—石头寨—赛格—岩桑树—光坡的两库十三级开发方案，全梯级总装机容量 2 132 万 kW。年发电量 1 029.6 亿 kW/h，装机容量为我国目前水电总装机容量 20% 左右，为我国又一个西电东送重要基地。总投资 1 000 多亿元。这项方案交由"华电集团"执行。据专家预测：怒江中下游河段规划梯级电站全部建成投产后，每年直接带来的经济效益在 300 亿元以上，带动相关产业的经济效益更为可观。

除直接经济效益外，水电开发将以发电为主，还带来灌溉、供水、防洪、旅游等综合效益。怒江下游耕地资源丰富，经济作物种植条件优越，但气候炎热干旱，石头寨、赛格梯级建成后，可使潞江坝的农田实现自流和提水灌溉。怒江流域支流上规划了骨干引水渠 152 条，新建水库及塘坝 7 处，加上现有的渠道加固及"五小工程"（小水塘、小水池、小塘坝、小水利和小水库），将使供水问题得到很好解决。针对怒江流域中游洪灾频繁发生，堤防建设能够有效调节洪峰流量，减轻中下游洪灾损失。

（2）怒江水电之争过程

1999 年，国家发改委"根据我国的能源现状，决定用合乎程序的办法对怒江进行开发"拨出资金，对怒江中下游云南境内的水电开发进行规划。自 2001 年 4 月国家电力公司北京勘测设计研究院与北京国电公司开始对怒江进行水电查勘，2003 年 3 月 14 日，华电集团与云南省政府签署了《关于促进云南电力发展的合作意向书》，云南省政府支持华电集团开发云南电力资源，支持怒江开发；6 月 14 日，云南华电怒江水电开发有限公司组建；7 月 18 日，云南华电怒江六库电站正式挂牌成立。怒江流域水电规划进行了近 3 年时间，2003 年 7 月基本完成。

2003 年 8 月 14 日，由云南省怒江州完成的《怒江中下游流域水电规划报告》通过国家发展和改革委员会主持评审。审查会召开之前，电站的各项前期工作已经紧锣密鼓地推开。审查会后的第二天，云南省大部分媒体都用显著版面报道了《怒江中下游流域水电规划报告》审查通过的消息。在审查会上，国家环保部门提出，2003 年 9 月 1 日开始，《中华人民共和国环境影响评价法》就要正式实施，要求大型电站规划必须专门做环境影响评价报告，鉴于怒江水电开发的规模和与《环境影响评价法》实施日期的临近，要求专题审查《环境影响评价报告》。

2003 年 9 月 3 日、10 月 20—21 日，国家环保总局分别在北京和昆明就怒江水电开发问题召开了两次专家座谈会。期间的 9 月 29 日、10 月 10 日，云南省环保局也相应召开了两次专家座谈会。

2003 年 10 月，云南方面就怒江水电项目的环境影响和规划拿出了一个折中方案。折中方案主要对龙头水库马吉和光坡、丙中洛两个电站做了调整。

10 月 22 日，云南省怒江州政府就怒江水电开发与环境保护问题再次向国家发改委、环保总局、水利部、水规总院、交通部和国家民委作了汇报，并与国电北京院、华电集团全面交换了意见。11 月 12 日，原国家环保总局再次组织工作组深入怒江调研，听取地方政府及云南省政府的意见。

2003 年 10 月 25 日，在中国环境文化促进会第二届会员代表大会上，相关环保人士提出：请保留最后的生态河。环保人士认为，目前在世界上保持原始生态的江河几乎没有了，在中国也剩两条：雅鲁藏布江和怒江。参会关注自然，关注生态的 62 位科学、文化艺术、新闻、民间环保界的人士联名呼吁：请保留最后的生态江——怒江。

2003 年 11 月底，世界河流与人民反坝会议在泰国举行，中国民间环保组织参加的有绿家园、自然之友、绿岛、云南大众流域等。在这会议上，中国民间环保 NGO 为宣传保护怒江在众多场合奔走游说。最终 60 多个国家的 NGO 以大会的名义联合为保护怒江签名，此联合签名最后递交给了联合国教科文组织，联合国教科文组织为此专门回信，称其"关注怒江"。随后，因为怒江的下游流经泰国，泰国的 80 多个民间 NGO 也就怒江问题联合写信，并递交给了中国驻泰国使馆。

2004 年 2 月 18 日，温家宝总理对怒江水电开发给出批示："对这类引起社会高度关注，且有环保方面不同意见的大型水电工程应慎重研究，科学决策。"退回了有关部门上报的《怒江十三级水电开发规划》。

2004 年 3 月 26—29 日，环保 NGO 北京地球村、自然之友、绿家园志愿者的四位代表在韩国济州岛参加了第五届联合国公民社会论坛，这是为联合国环境署第八届部长环境论坛举办的。会上，绿家园代表作了《情系怒江》的专题讲演。会议期间，各国代表纷纷签名表示支持保留最后的生态江河怒江。联合国环境署执行主任、联合国副秘书长托普费尔看了怒江的照片后，提笔写下："多美的江啊！水一直是全世界人民最重要的需求。"联合国亚太地区执行主任索拉塔也在"情系怒江"摄影展首日封上签名，并专门观看了"情系怒江"网上的照片。

2004 年 5 月 20 日，全国人大常委会副委员长许嘉璐率民进中央考察团来到了怒江。

2004 年 7 月 3 日，在中国举行的第 28 届世遗大会上，三江并流遗产被处以黄牌警告。

世遗中心认为，三江并流是中国生物物种发源地，集中了 6 000 种植物种类和超过全中国一半的动物物种。其中怒江是东南亚唯一的一条大型"自由流动河流"，如果在怒江上大量修建水电站，不仅会影响物种生存，还将对该处自然遗产的原生态造成破坏。

2004 年 11 月 13 日国家发改委和国家环保总局联合召开了"怒江中下游水电规划环评审查会"，包括 4 名院士在内的 15 名专家组成了审查小组，审查了由国内多家权威机构参与共同完成的"怒江中下游水电规划环境影响评价报告书"。这将给持续一年的怒江电站的争论下一个决断。虽然在审查中个别专家还有不同意见，但与会绝大多数专家已基本认可这份"环境影响评价报告"。在修改完善报告书并完成审查后，国家发展和改革委员会近期即将正式批复怒江梯级电站的开发规划。

（3）公众参与

1）参与主体

参与主体包括社团组织和地方政府两类。中央政府（除原国家环保总局）基本是赞成或者不反对怒江水能开发；原国家环保总局开始是倾向保护为主、反对开发，后来倾向于不反对开发。地方政府一直赞成或不反对开发。当地公众对于怒江水能开发主要出于对自身生活状态的考虑，没有统一的态度。非政府组织可以分为两类，其中环保组织反对开发；另一类是专家，专家意见主要有三类：第一类，支持怒江水电开发，强调发展地方经济的；第二类，反对怒江水电开发，认为水电开发既不是怒江脱贫的唯一选择，强调要注重生态保护的；第三类，对怒江水电开发无明显立场，强调当地用户利益和社会利益。

2）参与途径

协商过程中采用评论方式最多，其次是通过会议、直接参与、媒体采访和报道方式。

中央政府主要采用会议、直接参与、媒体发布的形式，也有批示（包括温总理两次批示）。地方政府主要采用媒体、会议、上书等形式。用户主要是通过媒体采访来参与怒江水电开发的讨论。社团组织采用的途径最为广泛，除强硬途径和批示外，其余的途径都有采用。华电集团和相关企业主要采用媒体、会议等途径。

（4）启示

1）本案例中的公众地处偏远山区，对于怒江水电开发了解不多，多为关注自身的利益，而且公众参与协商的行动能力不高，涉及公众大多为普通的山民，大部分人不擅长于积极表达自己的看法，也不知道采用何种有效的方式表达自己的想法，处于被动的顺从状态。

2）政府应鼓励公众利用现有民主参与的组织和机制，在立法、司法和行政等方面实现水能开发的协商参与，逐步改变水能开发中政府独立决策的局面。在公众和社团协商意识和力量比较薄弱的情况下，政府应积极提供更多的资源、渠道和信息，并用立法的形式予以规定，促进公众和社团参与水能开发管理。同时，应着重建设以流域为单位的地区政府间水能开发协商组织和协商程序，加强信息交流和共享，并利用协商民主的形式使地区政府的非制度分权加快向制度分权过渡。

3）利益相关者参与决策过程十分重要。在利益冲突或利益不相等的情况下，让利益相关者参与决策过程，表达其利益诉求，可以对决策的最终结果产生积极影响，减少决策结果可能引发的后遗症。怒江水电站涉及的直接利益相关者有三方：一是国家水电公司，水电公司要通过建坝营利；二是政府，政府要通过建造水坝来促进当地经济发展；三是当地公众，公众能否通过建造大坝得益，是一个悬而未决的问题。怒江水电站还涉及非直接利益相关者一方，这些人主要由主张环保而反对建造大坝的专家和一些民间环保组织组成。当地公众作为利益直接相关的一方却始终没有出现，没有进入决策过程。

4）专家咨询对于参与决策过程十分重要[1][2]。专家咨询可以有效解决决策者的能力和职责不对称的矛盾，为决策提供专业技术意见和建议，有利于防止决策的随意性，专家参与的过程能使决策置于公众的监督之下，提高决策的科学性。

7.3 直接参与式——公众参与形式之三

7.3.1 太湖流域污染控制的公众参与

2007年5月太湖北部水域大面积蓝藻水华暴发。据卫星遥感监测，3月底在太湖西南部出现了蓝藻水华，面积约25km²。随时间推移，蓝藻水华暴发区域逐渐蔓延。大面积蓝藻水华暴发主要分布在太湖的梅梁湾、竺山湖与贡湖三个湖湾以及西部、南部沿岸水域，水华面积一度达全太湖的1/3，影响了无锡市饮用水源地水质安全供水。

太湖是我国第三大淡水湖，流域总面积36 900万km²，行政区划分属江苏、浙江、上海和安徽三省一市，自古以来就是富庶的"鱼米之乡"，改革开放以来经济保持高速增长，已成为我国社会经济最发达、大中城市最密集的地区之一。在占全国不到0.4%面积的土地上，生活着全国3%的人口，近年来每年创造了全国约13%的国内生产总值和近19%的财政收入，其发展的可持续性对我国国民经济和社会发展产生着重大的影响。

经济的快速增长和人口的高度集中，造成流域内水环境状况日趋恶化。近20年，太湖水环境质量每十年下降一个等级，水生生态系统已遭受破坏。水利部太湖流域水资源保护局2006年4月发布的数据表明：太湖水体水质92.6%的水域为中度富营养水平，流域各类水功能区水质达标状况不容乐观，尤其是太湖梅梁湖饮用水水源区，占整个太湖饮用水取水量的40%，而水质现状难以达到饮用水水质标准。湖泊生态退化，物种减少，

---

① 张阳，周申蓓.我国水能开发协商治理特征研究——以怒江水能开发为例 [J].求索，2007（5）：42-46.
② 竺乾威.地方政府决策与公众参与——以怒江大坝建设为例 [J].江苏行政学院学报，2007（4）：86-92.

鱼类从 20 世纪 60 年代的 100 多种锐减到现在的 60 余种。

湖泊流域的水环境治理需要经历漫长的治理过程才能逐渐恢复水质和水生生态系统。湖泊水污染系统控制及流域水生态安全保障，将在较长时期内成为政府、科研院所、企业、公众共同的艰巨任务。

太湖流域水污染控制其中一个重要内容就是控制入湖河流带来的污染，减少湖泊的污染负荷。太湖处于流域水系的中心，周边是河网系统。流域城镇生产、生活和农田等的点源、面源污染都经由河道进入太湖。近年来太湖流域污染负荷的比重逐渐从点源转移到农村生活污水、农田废水以及畜产业废水等方面。据统计，太湖流域生活污染源引起的各类污染物质产生总量百分比，如氨氮、总磷、COD 等都有所提高。这些污染源大部分分布在广阔的农村地区，污染源控制以及污水收集、集中处理等工作都比较困难。因此湖泊环境的改善不仅需要治理技术的研发、经济的投入，也需要政府在管理、政策、法规等方面的积极引导，同时还与流域里生活着的普通人的生活习惯、文化传统有着密切的关系，需要公众的积极参与。

2001—2005 年由科技部资助在太湖西岸的宜兴市大浦镇开展了"太湖水污染控制与水体修复技术及工程示范项目"，开展了针对河网地区面源污染控制的成套技术的研发和示范。

大浦镇位于宜兴市东南部，东滨太湖，距宜兴市区 5.5km。镇域南北长 7.8km，东西宽约 10km，总面积 5 085hm²，其中水域面积近 1 000hm²。水陆交通十分便利。大浦镇地处太湖渎区以西的蠡河河网平原上，地势平坦，河湖密布，属低洼圩区。地势西高东低，西部非点源污染物通过径流汇入太湖。

2003 年末，全镇总户数 11 009 户，总人口 31 944 人（其中男性 15 110 人，城镇人口 9 480 人），全镇从业人员总数 15 671 人（其中女性 7 841 人）。全镇国内生产总值达到 8.2 亿元，比 2002 年增长了 12%，农业总产值在工农业总产值中的比重较低，并有下降趋势，粮食产量逐年下降趋势明显，人均国内生产总值突破 2.5 万元。

科技部的 863 项目除了对河网地区面源污染控制的工程技术开展研究，还特设了管理专题，对面源污染控制长效管理机制进行研究，以期建立一套适合太湖河网地区农村面源污染控制长效管理机制。

政策体系是实施政府管理的重要抓手，课题组针对面源污染控制的政策体系提出了镇、村、户、民四级政策体系。在大浦镇进行了镇、村、户、民四级政策体系的建设试点，制定了大浦镇《关于加强面源污染控制管理工作的通知》，并以镇政府文件（浦政 [2005] 16 号）的形式正式公布，这是我国第一个面源污染控制方面的基层管理办法；示范村汤庄村通过村民自治制定了《环境保护村规民约》；制定了《农村面源污染控制示范村家庭考核指标体系》；编写了《太湖农村面源污染控制村民行为守则》。大浦镇镇、村、户、民四级政策体系的建设，通过自上而下与自下而上的结合，强制与自愿的结合，管理与监督的结合，将农村面源污染控制工作切实开展起来，逐步使农民——面源污染的主要制造者，改善个人的行为方式，使面源污染控制措施逐渐成为农民的自觉行动。

课题组为了使村民自治和自组织原理应用到面源污染控制中来，2005 年 9 月 29 日，在示范村——汤庄村召开了环境保护村民代表大会，探索村民自治控制面源污染的新方法。

这次会议中，邀请了环境方面的专家和农田专家，村民与专家们进行了充分的交流，专家向村民介绍科学的环境保护和生态农业方法，解答农民在农业生产和日常环境保护中的疑问和误解的地方，使环境友好型的农村生活方式和农业生产方式得到村民的理解认同。进而，对如何保持 863 项目所上工程带来的环境效益和村中尚存的环境问题及其解决方案展开充分的讨论，让村民们充分提出他们的意见和方法，集思广益，共同探讨解决的方案。最后，经过村民反复讨论、协商，在面源污染控制个人行为规范方面达成了共识，全票通过了《汤庄村面源污染控制村规民约》。从此，在农村的面源污染控制方面农民有了行为规范，由于自己参与制定的，村规民约能够得到有效执行。

在座谈会中，专家作为将政策执行付之于实践者，与村民（采取行动者）充分的交流、沟通和谈判，村民民主得到充分发挥，让村民参与制定村规民约，充分发挥了自主治理的作用。

项目组结合苏南地区在经济发展过程中对环境认识的切实体会，从生态经济的角度，凝练太湖农村面源污染控制的生态文化新内涵，提出"清清太湖、衣食父母、生态和谐、小康无忧"。并从示范区农村的实际出发，发展了形式多样、内容丰富的农村生态文化宣传活动，这些农民喜闻乐见的生态文化宣传活动，占领了田间地头、街头村尾的各类宣传阵地。形成了人人关心、自觉参与、自我约束、监督提高的良好文化氛围。编印了太湖农村面源污染控制宣传册，已由中国环境科学出版社正式出版发行；在示范区的 14 个村，建设面源污染控制宣传站主站 2 个，子站 12 个；在大浦镇中心小学组织了"太湖小居民控制面源污染行动"，主要内容有："我爱太湖"科幻画比赛和小科学家探究性学习活动；在大浦小学安装了一座生态厕所，并组织小学生成立了生态厕所研究小组；组织"太湖——我的家"大型生态文化演出，创作编排了歌曲、舞蹈、小品、相声、快板、戏剧等 12 个与太湖面源污染控制相关的文艺节目，深入示范区的 14 个村、小学和镇政府进行了 10 场演出；2005 年 7 月 16 日与宜兴市大浦镇人民政府和中共大浦委员会共同主持召开了"面源污染控制科学普及暨政策推广报告会"。

通过该项目的实施，提高了当地村民的环境意识，公众参与保护环境的积极性与过去相比已经有了明显的提高，保证了环境保护设施长效运行，促进了村民对环境友好的行为方式的接受，面源污染的状况有所好转，环境状况已经有了明显的改善。

该项目的实践对于我国流域水污染控制有着良好的启示：

（1）在基层政府主导下，动员公众积极参与制订面源污染控制的政策体系，明确面源污染控制的管理办法，明确基层政府、公众、社会团体各方的职责和义务；

（2）通过环境教育和宣传，特别是加强中小学生的教育，通过学生带动家长，由家长普及到整个家庭，从而提高整个地区各个年龄层的环境意识和公众参与保护环境的积极性；

（3）面源污染控制工程技术的实施方面，通过政府引导、专家提供咨询、公众参与自主治理，改变过去政府单方面实施，公众被动接受的状况，提高公众参与保护环境的积极性，保证了环境保护设施的长效运行。

7.3.2 拉市海参与式流域管理

（1）项目背景

拉市海位于云南省丽江市拉市乡境内，是云南省第一个省级高原湿地自然保护区，也是中国越冬候鸟的重要栖息地之一。2005 年初更被评为国际重要湿地。自 20 世纪 90 年代末期，由于人们对自然资源开发的不断加大，拉市海湿地的可持续发展出现了危机，包括渔业资源衰退、当地人群生计失去保障、流域污染严重等。

为了防止拉市海的生态环境进一步恶化，以保证拉市海村民可持续性的生计，2000 年，云南省大众流域管理研究及推广中心（绿色流域）与当地相关政府部门合作开展了参与式流域管理项目，美国乐施会给予了相应的资助。这一项目努力在流域内的政府和当地社区间建立合作和对话的机制，并建立一种长期的以社区为基础的参与式资源管理模式。此外，项目也关注流域上下游之间的关系。该项目致力于建立一种由各方参与的环境保护和经济发展相协调的机制，以使流域提供更好的生态经济服务，最终实现流域的善治。"绿色流域"与当地村民和政府合作，应用参与式的方法，结合环保、扶贫以及社区发展在拉市海实施参与式流域管理项目。

（2）开展活动及过程介绍

拉市海参与式流域管理项目的目标是通过建立以社区为基础的流域管理体制，协调资源开发与环境保护的矛盾，促进流域内的社会经济、文化以及生态系统的和谐发展。具体项目活动包括：以天然林保护及生计保障为主要目的的山区扶贫与发展项目；以环境保护及产业升级为主要目的的西湖小流域治理项目；以提高社区管理能力，实现资源可持续发展为主要目的的渔业协会项目；以及以宣传可持续流域管理，保护民间文化为主要目的的倡导项目等。除此以外，项目还在提高少数民族妇女能力、促进社会性别平等方面给予了很大的关注。

在项目的一开始，绿色流域进行了拉市海参与式农村评估和流域保护规划活动。这一方面是为了和当地村社资源利用者一起深入调查流域资源状况、存在的问题，分析并找到解决问题的方案，为流域管理项目实施提供基线数据。另一方面是为了通过此活动培训和增强当地群众和基层政府的能力，并逐步形成以当地人为主的可持续的流域保护力量。评估活动极大地推动了拉市海当地的社区动员和公众参与，村民们和当地干部的资源管理能力和生态保护意识得到显著的提高，并且为项目实施打下了群众基础，而且动员了当地干部和群众，增强了当地居民的可持续发展的意识。

（3）参与机构

1）流域管理委员会

为了建立一个由多元利益相关群体参与流域管理和对话的平台，在绿色流域的协助下，成立了由县乡两级政府相关部门、六个村委会的村民代表、民间团体和民办企业共同参与的流域管理委员会。流域管理委员会下设流域管理办公室，负责执行流域管理委员会所提出来的计划和项目，定期举行会议、研讨会和培训班，提供不同利益群体的沟通渠道，构建政府和村民在流域管理议题上的信息共享、协商和参与决策的平台。在流域管理委员会提供的这个平台下，利益各方针对如何保护渔业资源、冬季封海计划等各方面议题上，都进行过对话和协商，促进决策的透明化，保护了社区群众的利益，同时提升社区群众参与流域管理和决策的意识、能力和积极性。流域管理委员会始终强调利益相关群体的参与权和知情权，并且强调在项目决策规划过程的前期，保证各个利益相关群体的切实参与，保证给边缘和弱势群体同等的参与机会，使拉市海流域管理项目能够通过推动更多的群众参与来促进流域的善治。

2）渔业协会

为了恢复拉市海的渔业资源，实现拉市海流域的可持续管理，从 2001 年起，绿色流域便与渔民开始筹备成立渔业协会，2003 年 6 月，经过多次协商，玉龙县政府、拉市乡政府批准成立拉市海渔业协会，2003 年 10 月开始在县民政局申请注册。

2004 年 3 月 15 日，由渔民自我管理、自我服务的拉市海湿地渔业协会正式注册。作为全国第一个正式注册的从事渔业资源管理的社区群众组织，渔业协会得到国家和云南省渔业管理部门的关注。

2004 年，在绿色流域的资助下，拉市海渔民代表成立了拉市海渔业经济技术合作协会。并在玉龙县民政局正式注册成为一个具有法人资格的农民协会。该协会的主要目的在于规范拉市海的渔业捕捞，实现拉市海渔业的可持续发展。

3）西湖小流域治理项目

西湖村位于拉市海的一个次级小流域，2002 年，在云南省大众流域管理研究及推广中心（绿色流域）的协助下，西湖村成立了西湖村小流域管理委员会，负责规划和组织村民实施项目。

混农林项目：为了防止坡地耕种带来的水土流失，也为了缓解实施退耕还林给村民带来的生计压力。中心与当地村民在西湖实施了流域生态恢复项目。在坡地上种植了120 亩 4 500 株果树以及经济林，果树的种类由农民自己决定。并在果树下种上各种农作物，以混农林的形式覆盖坡地。项目还邀请了园艺部门的专家，来培训村民如何进行果树的虫害管理。

河道的改善和维护：为了防止泥沙淤积堵塞河道，和过多的泥沙冲入下游拉市海。中心协助西湖村民修建拦沙坝，拦截上游的泥沙和树枝。2004 年 3 月在流域管理小组的带领下，村民完成了河道的加宽加固，并用各种树木绿化河道，加强河道的生态功能。

4）上南尧彝族妇女能力建设项目

山区的彝族妇女大多不会汉语，也不会用汉语写自己的名字，这大大阻碍了他们与外界的交流，也妨碍了他们参与到社区发展当中。因此，与村民协商后同意开办妇女夜校，教授彝族妇女常用的和一些简单的汉字，与社区相关的生态知识，协助他们更好地参与到社区发展当中。

（4）启示

拉市海参与式流域管理项目是一种由各方参与的环境保护和经济发展相协调的机制，它广泛地动员了公众的力量，它以社区为基础，建立以村社为基础的流域管理小组，对拉市海的支流进行治理，提升了村民的组织能力和参与能力，促进了当地居民和村干部的资源管理能力和生态保护意识的显著提高。

该项目的一个突破性进展就是成立了流域管理委员会，由当地县乡两级政府部门、村民和绿色流域共同参与管理，形成了一个由多元利益相关群体参与的流域管理对话平台；村民自己选举成立了流域管理小组，在实际的参与式管理中发挥了主动作用，使决策过程兼顾了弱势群体的利益，极大地提高了居民参与的积极性。

另外，该项目还注重妇女能力建设，促进了社会性别平等，成为公众参与环境保护的一个创新型项目。

该项目广泛地动员了公众的力量来协调资源开发与环境保护的矛盾，极大地改善了拉市海水资源不断恶化的局面，促进了流域内的社会经济文化以及生态系统的和谐发展。

7.4 伙伴关系——公众参与形式之四

7.4.1 无锡非政府组织联合磋商小组（NCCG）

（1）概述

无锡位于江苏省东南部，南濒太湖、北临长江，与浙江省交界；全市总面积为 4 787.61km²，水面面积为 1 502 km²，占总面积的 31.4%。

无锡市的民间环保组织在推动公众参与环境治理方面发挥了积极的作用，根据中澳生态与环境发展项目——"公众参与社会环境影响评价和流域水污染控制"试点项目的安排，在无锡建立了非政府组织联合磋商小组，主要参与方是无锡市环境科学学会、无锡市水利学会和无锡市农学会三家学术性社会团体，旨在探索非政府组织推动公众参与环境治理的模式。

无锡 NGO 联合磋商小组实质上是一种协作管理，即政府与无锡 NGO 联合磋商小组在无锡蠡湖管理方面建立伙伴关系，共同发挥公众在蠡湖管理方面的作用，促进政府管理者和公众的相互合作，最大化社会和环境的共同利益，实现无锡蠡湖的长效管理。

NGO 联合磋商小组的职能是：宣传方针、政策、法律法规，提高公众环境意识；广泛联系公众（重点是项目相关社区成员），倾听意见和要求，反映共同意愿，做到上情下达、下情上达；针对选定的流域水污染治理项目，诊断环境影响问题；根据试点项目活动计划要求以及 NGO 机构的宗旨、业务范围安排调研，提出应对措施意见。

（2）过程与方法

无锡公众参与试点项目执行主要过程：

1）选择合作伙伴

无锡市的民间环保组织在推动公众参与环境治理方面发挥了积极的作用，有影响的 NGOs 有：无锡市环境科学学会、无锡市水利学会、无锡市老科技工作者协会环保分会、无锡市科学技术协会等，它们有着专业优势和组织力量。根据项目的需要，中澳生态与环境发展项目——"公众参与社会环境影响评价和流域水污染控制"项目组选择了环境学会、水利学会、农学会作为合作伙伴，开展工作。

2）成立工作小组

无锡非政府组织联合磋商小组人员是由推荐产生的，成员共 6 人，其中组长、副组长、秘书各 1 名，环境学会、水利学会、农学会各 2 人。成员都熟悉相关法律、政策法规，有一定的相关专业知识背景，身体健康、有一定的议事能力和在会员中的信誉度，作风正派、办事公道。此外，还讨论并形成"试点区无锡 NGO 联合磋商小组（CCG）框架"。

3）参与培训

为了进一步提升无锡 NGO 磋商小组核心成员的能力和参与工作的技巧，中国环境保护部南京环境科学研究所的资深的公众参与和环境管理方面的专家组织了"开展促进公众参与培训班"。该培训包括公众参与方法和技能学习，基本掌握了公众参与的程序和方法。

4）研究行动方案

在无锡市环境问题识别中，发现无锡市蠡湖作为调节无锡地面水的天然枢纽，由于大规模围湖造田、筑塘养鱼，加上沿岸不适当的开发，目前污染加剧，水质常处于劣 V 类，生态环境急剧恶化。

2011 年 1 月，无锡 CCG 主席邀请无锡蠡湖建设方无锡市水利局的处长向项目活动小组成员介绍无锡蠡湖建设与设计、运行及管理方面的信息，进一步增强了项目活动小组成员对无锡蠡湖综合整治了解。

为了有效改善蠡湖的水环境状况，确定项目的主要内容是对局部水域进行污染控制、底泥清淤、生态修复等环境综合整治，并积极动员公众参与到"无锡蠡湖水环境综合整治与生态修复"中来，积极开展参与蠡湖水环境长效管理的试点活动，提升相关社区成员环境意识及参与环境保护的能力，为巩固蠡湖水环境综合整治与生态修复成果作出贡献。并确定关键路线和关键工作，然后根据总进度的计划，制定出项目的资源总计划、费用总计划，形成详细的行动方案。

5）项目实施

①收集相关资料（无锡市太湖办、无锡市园管中心、无锡市太湖治理有限责任公司等）组织协调落实现场考察、项目信息报告以及参加活动的人员、时间与主要内容等准备工作。

②针对选定的项目摸底调查，了解情况及影响程度和范围，了解相关法律法规。

③公众信息宣传，并征求小组成员和公众的意见。

④ 现场考察、信息报告会与研讨会：

a）现场考察与调查：组织 CCG 全体成员及项目活动小组人员共 20 人进行蠡湖实地考察，农学会会员、滨湖区农林局现场介绍蠡湖湿地公园项目建设基本情况。全体人员同时察看了蠡湖水污染整治多项工程现场。

b）信息报告会：举办蠡湖水污染综合整治项目信息报告会。由水利学会会员、水利专家尤德康介绍蠡湖水污染综合整治工程主要情况与成效。

c）研讨会：与会人员在现场考察、听取信息报告的基础上，进行了交流研讨，并完成了 CCG 制作的问卷调查。

6）归纳与总结

在收集查阅相关资料、现场考察、监测调查、会员研讨、问卷调查的基础上，编写出《意见与建议》（初稿）后，反馈给参加试点活动的会员们，公开征求意见，最后正式形成《蠡湖水环境长效管理的意见与建议》，并发送至：无锡市环境保护局、无锡市水利局、无锡市农业委员会、无锡市太湖水污染防治办公室、无锡市科学技术协会、无锡市园林管理中心、无锡市环境科学学会、无锡市水利学会、无锡市农学会，参加试点项目活动的所有会员。参加座谈会的多数部门对公众参与活动以及《意见与建议》表示欢迎，意见与建议中关于水位调控、改善水体透明度的建议，已经在蠡湖新一轮水污染防治示范区通过"控鱼种草"措施取得了良好的效果。

（3）成效

无锡非政府组织联合磋商是一次政府与公众协作开展环境管理的有益尝试，在公众参与方面取得了十分显著的成效。在环境意识方面：NGO 成员参与"社会环境影响评价和流域水污染控制"活动的主动性大大提高；NGO 成员通过参与试点活动，提高了对水污染综合整治与控制的重要性的认识、恢复与改善生态环境质量艰巨性和长期性的认识；经济建设与环境保护必须协调发展的认识有了进一步提升。在执行能力方面：形成了 NGO 组织公众参与的程序和方法；NGO 会员初步掌握了开展促进公众参与的方法；提升了诊断环境问题的技能和议事能力。

此外，无锡市委、市政府高度重视蠡湖整治与管理，市民拥护、支持、积极参与，蠡湖的经验也为进一步推进太湖综合治理提供了重要的借鉴。

7.4.2 澳大利亚公众参与水环境保护和土地保护

（1）背景

澳大利亚是世界上最干旱的大陆，澳大利亚政府主管机构、地方流域管理机构以及社区基础的利益群体组织已经把土地利用和水资源之间的协调管理作为自然资源管理的基石，并在公众参与水环境保护和土地保护方面积累了丰富的经验。

在澳大利亚，联邦、州以及地方机构的许多组织参与水资源管理，包括水资源的有效利用、分配、水资源的政策、水使用规则、相关的监测以及可持续水资源的战略规划。在澳大利亚的水管理中，政府机构、非政府机构、商业机构以及社区、个人充分发挥作用，实现对水环境和土地的保护。

国家级部门负责提供框架，使各个利益群体能够进行水资源使用、出售、买卖、治理、储存和运输等活动。一系列的相关法律以及环境保护部门进一步规范个体的水资源利益相关者能与不能进行的活动。但是，从过去的经验看来，极端干旱的环境以及在水资源使用、循环、交易和存储中的不负责任的行为相当严重，必然会引起公共关注。其中一个关注重点是，公众再次认识到土地和水两方面的问题是相伴而生的。

澳大利亚的土地保护运动就是一项由社区中广泛兴起并具有巨大影响的运动，它得到了政府和商业机构的支持，旨在寻求城市和乡村中土地和水资源的可持续管理。在启动之初，土地保护运动并不是要代替业已运行的水用户协会、地方水管理机构或者环保部门的角色。土地保护运动是一个具有独特开工的公共（Public）—私人（Private）—合作者（Partnership）（PPP）框架的运动，它同时具有公共的水利用、水质以及相关的土地管理方面的目标。下面将具体论述土地保护运动运动如何动员个人、农户、社区、商业角色以及政府共同达到更好、更可持续和水质更好的效果。

（2）土地保护运动的内容

土地保护运动是一个由社区（个人和群体）、政府（联邦、州和地方）以及私有企业构成的一个公共—私人—合作者（PPP）的方式，这种方式使社区成员愿意去做一些实际的事情以保护和恢复环境。土地保护运动起动于 1989 年，是由"全国农民联合会"、"澳大利亚保护基金"和澳大利亚政府公共福利部门共同发起的，它的战略是通过基于利益相关群体的活动来缓解土地退化。此后，成千上万个土地保护运动小组出现了，到 2010 年为止还有至少 4 500 个相当活跃，他们共得到来自政府土地保护运动项目资金约为 10 亿澳元的资助，与此同时，来自私人的部分以及志愿者的各种投入的合计要高于政府的资金，不过显然政府有保障的投入是一个强大的催化剂，这使土地保护运动小组能够发动志愿者，提供关键的工作费用并且鼓励企业进行资助。

从框架上来说，土地保护运动的公共—私人—合作者（PPP）模式的理念来自于非营利组织，1989 年注册的"土地保护运动澳大利亚有限公司"，专业于推动和资助全澳的土地保护运动运动。这个组织的目标包括：筹措资金帮助土地保护运动小组进行地方基金募集和土地保护运动意识启动；帮助企业与社区共同进行环保、可持续的农业恢复，并提供合作基金、人员以及相关的资源保障得到来自法人部分的资助；发动一些社会运动，包括全国土地保护运动周，海岸保护周以及全国土地保护运动资金等；协调专项的土地保护运动项目；出版澳大利亚土地保护运动刊物。

土地保护运动强调以自助的形式对自然资源的管理，这种自助是在当地社区的承诺和专注的支持，而各级政府的资助主要是针对社区。作为一种基础广阔的社区运动，土地保护运动引导地方小组专注于对他们重要的核心地块和水环境问题，这样他们得到了空前稳固的民众支持。土地保护运动 PPP 模式从重视社区、政府和企业之间平衡的方式中受益。这方面特别显著的原因显示在以下几方面：1）小组带头人在社区的发展中进步；2）小组成员能够保证专家性、科学设计的建议和行动将能提高他们行动的结果；

3）环保的"红利"能够使小组成员和社区广泛受益；4）通过生态知识的传播、适度且细致设计的经济刺激以及支持性政府氛围的建立，政府的支持效果特别显著。

在 2010 年还活跃的 4 500 个志愿性社区土地保护运动小组中，包括针对河流保护、城市土地保护、海岸保护、矮树林保护和可持续农业等方面的专门小组。到 2015 年，联邦政府将要投入 2 亿澳元的资金来支持土地保护运动项目在私人土地、农场、流域以及地理边界交错的意义重大或生态敏感的区域等方面的活动。土地保护运动小组推动至少全澳 40% 的农户参与了集体的活动，其中的合作者包括土地主、企业主和社区等。在乡村的土地保护运动小组经常会完善其他土地保护运动小组的活动。例如，基于农场的土地保护运动小组志在防止或恢复由放牧造成的流域和水滨环境损害，他们完善了河流保护小组的工作；通过环保行为来更好管理水沟，并在其旁边复植，因为 70% 的小水沟都在农户的管理下，他们这种完善工作对于水质保护是十分重要的。

（3）土地保护意识：原则及其利益相关群体

在澳大利亚，"土地保护运动"已经是一个品牌。较近的研究表明，公众的土地保护运动意识以及对于土地保护运动小组工作的知晓率超过了 60%。生活在乡村社区中的人、那些认识到他们的生计是在流域中的人、住在河流附近的以及在岸边社区中的人们，对于土地保护运动的知晓程度明显得更好。这样的结果就是，土地保护运动的制度结构演变成了一个强大的志愿运动，正式确定为社区土地保护运动，并且溢出了农户和乡村居民的范围，扩展到中小学生、城市居民和海边人群。

社区土地保护运动是一个强大的志愿军团，改变了澳大利亚乡村和城市的土地利用景观。这项运动已经植了几百万树木，此外还有灌木和草坪，恢复了海滨带、通过减少水土流失、清除水边朽木提高了水质，保护了残余的当地物种，为土产的野生植物重建生境，改善了植被覆盖程度，改善了放牧方式并加强了土壤管理，恢复了海边沙丘以及一些著名的休闲地带。

在土地保护运动中，利益相关群体包括：1）个人；2）社区，通过当地土地保护运动行动小组、俱乐部、专业协会、法人和基层运动来工作；3）土地所有者或土地管理者；4）包括当地注册的土地保护运动组织在内的非政府组织在环境和自然资源管理中有很大的决定力量；5）私人企业和法人；6）水和流域的管理机构；7）政府，包括各级政府。

其中普通公众在资源保护中也发挥了十分重要的作用，他们的角色是：在他们的日常生活中做出各种决定来采取对环境负责的行为；提高资源保护的意识，认识到自然资源管理的重要性；成为地方环保小组中的活跃分子，成为地方、州或联邦层次网络和顾问委员会的成员。

社区作为一种公众的组织团体，其作用包括：推动成立地方行动小组；在学校和社区小组中推动对环境负责任的行为；在管理公共资源中，让地方民众和当地专家积极参与；推动地方民众形成可持续发展网络、进行环境教育以及基于社区的自然资源的管理，如用水户协会。

土地所有者和管理者的作用包括：学习和采用可持续方法提高土壤和水的生产率和产出率；提高他们对水和土壤的管理技术；加入并成为土地保护运动小组的积极成员，提高他们对自己角色的认识，通过保护水和土壤以得到更好的社会与私人的回报，从而进行土地和水资源使用活动相关的投资。

NGO、各级土地保护运动机构的作用是：为那些支撑土地保护运动的理念和规则争取政治支持；宣传那些来自各个土地保护运动小组经验和信息；协调和监督他们管辖范围内那些独立小组所进行的土地保护运动活动；推动自然资源管理中的政策支持和公众参与。

私人企业和法人的作用是：在他们的业务中采用对环境更加负责的行为方式；鼓励土地保护运动小组的发展和活动；鼓励土地保护运动小组作为他们的活动成员，尤其是在对水质和土地生产力的监测与衡量过程中的活动；提供正式或非正式的教育机会，以宣传有关对环境负责的行为方式；为社区提供活动和政策的信息；通过与地方社区交流来得到他们的支持以提高自然资源管理效果；以进行项目和出台政策之前得到土地和水资源使用者的反馈；对于哪些与机构目标一致以及有明显实际效果的土地保护运动活动给予资助；建立一种提高机制，土地保护运动的利益相关群体可以参与自然资源管理的规划和决策。

政府的作用是：批准土地保护运动小组或网络进行可持续发展与负责任的自然资源管理的活动；宣传和鼓励重视社区健康和福利环保性活动的社会意义，这些活动是在土地保护运动理念和实践下进行的；建立和完成制度与立法以完成在资金在不同土地保护运动活动中的分配；为土地保护运动活动提供资金和人力资源的帮助，这些土地保护运动活动包括小组网络、结果、报告和宣传。

（4）成效

土地保护运动的环保焦点中包含着强烈的社会关注。土地保护运动使社区公众更好地理解他们所生活的环境，让公众理解团结行动可以解决当地的问题，社区公众的合作可以更好地开展自然资源管理。土地保护运动公共—私人—合作者（PPP）的独特模式，它在提升公众意识、充分发动社区公众以及合作者参与自然资源管理的行动中发挥了重要的作用，使公民社会、企业和政府为了更好的环境共同开展土地和水资源方面的管理工作，取得了十分显著的成效。

20 年的土地保护运动使澳大利亚得出一些指南性的原则，即在自然资源管理中必须要以成功的社区参与为基础，这个原则具体包括以下几条：1）提出一个明确时间段内，可分享的目标和产出；2）合作成员之间对各自的责任达成共识；3）地方小组、专家和公共部门代表之间包容性的合作；4）灵活和创新的能力以保证PPP能够应对地方需求和挑战；5）对于公共—私人—合作者（PPP）中的各个合作者都有足够的资源来满足完成所承担任务的需求；6）任何一种公共—私人—合作者（PPP）模式都需要主要利益相关群体的参与。

7.5 自主管理——公众参与形式之五

7.5.1 常州雅浦社区磋商小组

（1）概况

常州市雪堰镇雅浦村位于太湖之滨，有着成熟的社区组织形式。辖区面积约4.5km²，全村共有耕地2 851亩，其中粮食耕地2 000亩，产业结构调整面积851亩，现有村民小组21个，人口约2 607人，村企业约19个。2010年全村完成产值3.9亿元，其中农业收入525万元，工业产值36 000万元，副业1 088万元，第三产业1 700万元。自2005年以来，雅浦村组织实施了农村生活污水收集和处理示范工程、生态农业示范工程、农村环境综合整治工程等工程建设，2010年创建国家级生态村并已通过省级验收。

常州市雅浦社区磋商小组（Community Consultation Group，CCG）是在中澳生态与环境发展项目——"公众参与社会环境影响评价和流域水污染控制"下建立的一个公众磋商组织，旨在探索社区模式的公众参与环境管理。

雅浦社区磋商小组的具体职能是：向所在的社区单位和社区成员宣传党和国家的环境保护方面的方针政策、法律法规，提高群众环境意识；密切联系社区成员，倾听群众的意见、建议和要求，反映社区成员的共同意愿，做到上情下达，下情上达；对区域内出现的环境问题进行诊断，并提出应对措施（如：村民手册、规章制度等）；代表社区成员的意愿参与社区环境方面的议事，行使表决权。

雅浦社区磋商小组以雅浦村水环境健康为目标，通过组织雅浦村的公众参与生活垃圾、生活污水、农业面源和水产养殖污染控制与治理，提高雅浦村CCG成员的环境意识和组织开展公众参与的执行能力，提升雅浦村居民的环境意识和对生活垃圾、生活污水、农业面源和水产养殖对环境影响的认知。

（2）过程

1）建立专门负责社区公众参与的社区磋商小组

为了有效开展公众参与工作，常州市雪堰镇于2009年6月先后召开了2次工作会议，成立了雅浦社区磋商小组，专门开展本地区的公众参与工作。小组由22名社区代表组成，由社区居民民主投票产生。雅浦社区磋商小组的成员中：雪堰镇环境保护站成员 2 名、雅浦村委 6 名、村小组组长 2 名、妇联 2 名和普通社区群众 10 名。小组成员都具备以下条件：拥护国家法律法规，热心为社区单位和居民服务；作风正派，办事公道；身体健康，有一定的议事能力和群众威信；熟悉环境方面的法律法规，有一定的环境保护方面的专业知识背景。与以往的成员组成不同，雅浦社区磋商小组成员的覆盖面较广，既有核心成员，又有负责配合开展公众参与的社区代表。此外，还明确了各自需要独立负责或者相互配合的事项。

2）社区磋商小组成员参与培训

为了提升雅浦社区磋商小组核心成员的能力和参与工作的技巧，雅浦社区磋商小组的全部核心成员都参与了公众参与流域水污染控制的培训。该培训包括为期两天的公众参与方法和技能学习以及在雅浦示范村的实地练习，并邀请了中国环境保护部南京环境科学研究所的资深的公众参与和环境管理方面的专家进行讲演和示范，培训的内容包括公众参与的重要性、公众参与的途径、促进公众参与的方式、如何开展问卷调查、访谈等内容。村民代表积极地投入到了培训当中，自身的参与能力得到提升，为之后在试点区推广 CCG 的工作打好了基础。此次培训的一大重要成果就是讨论并制定了《提升公众环境意识和公众参与的程序和方法》。

培训之后，中澳合作项目组还开展了培训效果评估，设计了 CCG 培训工作效果调查表。培训效果调查表分为培训人员基本信息、环境意识提升、环境能力建设及对下一阶段工作的意见和建议四个部分，每部分分别设计有关问题对参加培训人员的环境意识和环境能力建设的培训效果进行评估。

3）开展公众参与活动

常州雅浦社区参与的模式是一种自主管理的参与的模式，正如在第 5 章不同层次的参与过程中介绍的那样，有着科学的实施程序和方法，其工作程序也与前文介绍的类似。

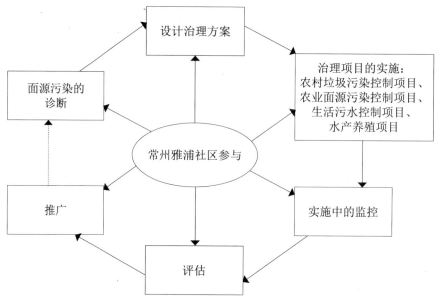

图7-4 常州雅浦社区参与模式

①污染的诊断和问题分析

常州雅浦社区磋商小组成员对本区域内社会经济发展状况比较熟悉，重点进行面源污染源的识别、污染相关的利益群体的识别和利益取向分析。分析造成面源污染的社会群体，分析造成污染原因，特定群体的污染物排放及排放量。所采用的方法主要有：问卷调查，社区和建设点资源踏察和污染源的绘图，社区居民小组、妇女小组、村干部访谈，居民和农户的个体访谈、污染原因的打分排序。调查的主要内容包括：公众的基本情况、社区公众的环境意识、主要污染控制等。根据详细的调查和分析，最后发现生活垃圾、生活污水、农业面源和水产养殖是影响社区环境的主要因素。因此为了更有效地开展公众参与活动，雅浦社区磋商小组又分为四个小组，分别开展农村垃圾污染控制项目、农业面源污染控制项目、生活污水控制项目、水产养殖项目。

然后，四个工作小组分别对以上四个方面进行相关利益者分析。通过现场踏勘、访问调查的方法识别区域内相关的社会群体、社区的数量、受影响的人口的数量、区域分布、受到污染影响的群体的社会经济特征和生计特征。

此外，社区磋商小组还开展雅浦村生活污水、垃圾、农业面源和水产养殖环境意识和环境行为现状调查，调查公众对污染程度和污染防治的认知，了解存在的问题和误区，最终形成现状调研报告。并制订雅浦村生产、生活污染环境意识宣传画板，在社区内进行展示。

下面以生活污水问卷调查为例，介绍调查和分析过程：

雅浦村污染控制调查——生活污水

一、调查对象基本情况

1. 您的年龄是 _____ 周岁。

2. 性别：　　（1）男　　　　（2）女

3. 您受教育的程度（包括在读）：（1）不识字 （2）小学 （3）初中（4）高中（5）大专

4. 您从事的行业_____，家庭人口_____，年收入约_____元，主要来源是_____。

二、生活行为与环境污染

5. 您的生活用水来自？　A. 自来水　B. 井水　C. 自来水与井水相结合

6. 您的居住地用水是否按照规定收取水费？　A. 是　　　B. 否

7. 请问您家里每月的平均用水量大概是多少？

　　A. 1t 以下　　B. 1～3t　　C. 3～5t　　D. 5～10t　　E. 10t 以上　　F. 不清楚

8. 您认为你家里每月的用水量：A. 有点多　　B. 不多不少　　C. 刚刚好　　D. 不知道

9. 您有怎样的用水习惯？　A. 尽量节约　　B. 适度节约　　C. 稍有浪费　D. 尽量多用

10. 您认为节水在农村是否值得提倡？　　　　A. 是　　B. 否

11. 您家里有没有使用节水龙头或节水器具？　A. 有　　B. 没有

12. 日常生活中，您觉得哪一部分的用水量比较大？

　　A. 饮用水　　B. 洗衣服　　C. 洗澡　　D. 拖地　　E. 洗菜　　F. 其他

13. 您在洗菜时一般会洗几遍？　A. 一遍　　B. 两遍　　C. 三遍　　D. 四遍

14. 对于洗完菜后的水您是直接倒掉吗？

　　A. 是的　　B. 偶尔会　　C. 重复利用　　D. 经常重复利用　　E. 总是重复利用

15. 洗澡时您是沐浴或淋浴？　　　　A. 沐浴　　B. 淋浴

16. 您有开着水龙头洗刷的习惯吗？　A. 有　　　B. 没有

17. 洗衣服时您是用手洗还是用机洗？ A. 手洗　　　B. 机洗　　　C. 都有

18. 您认为手洗用水多还是机洗用水多？ A. 手洗　　B. 机洗　　C. 差不多　　D. 不知道

19. 洗完衣服后的水您是否直接将其排掉？ A. 是　　B. 否

20. 假如突然停水一天，您会作何感受？

　　A. 无所谓，关系不大　　B. 不方便，但也不会多大影响　　C. 会造成较大影响

　　D. 严重影响日常生活

21. 您是否为没有水用而担心过？ A. 是　　　　B. 否

22. 您家里有经常停水的现象吗？ A. 经常　　　B. 偶尔会停水　　C. 从来没有停水过

23. 您有洗脸、刷牙时不关水龙头的习惯吗？ A. 有　　B. 没有

24. 您有用淘米水、洗菜水浇花的习惯吗？　A. 有　　B. 没有

25. 您有将洗衣、洗菜等生活废水用来冲厕所和拖地的习惯吗？　A. 有　　B. 没有

26. 在生活中，当您看到水龙头没关紧，你会怎么办？

　　A. 马上关紧　　B. 心里觉得不好，但还是没去关　　C. 不把它当一回事

27. 当您看见家庭成员有浪费水时，您有没有提醒或劝阻他（她）？ A. 经常 B. 有时 C. 没有

28. 您家里是否有化粪池？ A. 有　　　B. 没有

29. 您家里生活污水去向？

　　A. 接管到村污水处理站处理达标后排放 B. 直接排放 C. 农田灌溉

三、污染控制方法与措施

30. 您家里生活污水的主要来源是？

    A. 冲厕废水   B. 厨房洗涤废水   C. 洗浴废水   D. 洗衣废水

31. 您了解您周围的水环境污染情况吗？

    A. 非常了解   B. 了解   C. 不太了解   D. 完全不了解

32. 您认为水环境污染的原因在于：

    A. 工业废水排放量过大   B. 当地人口较多，城镇生活污水排放量过大

    C. 当地污水处理设备严重不足   D. 当地污水处理设施运转不良

    E. 当地政府管理部门监管不力   F. 上游水污染严重且治理不当

33. 您认为水污染造成的主要影响是？

    A. 饮用水质量降低，居民身体健康受到影响   B. 周围环境恶化，不利于居住

    C. 水资源短缺，用水冲突和环境纠纷增多   D. 其他（请具体说明）＿＿＿＿＿＿

34. 您认为应该怎样解决生活污水污染问题？

    A. 建设生活污水处理设施   B. 节约用水，减少生活污水产生量   C. 其他（请具体说明）

35. 您是否愿意减少您每天生活污水产生量？

    A. 愿意   B. 不愿意   C. 不复杂，可以   D. 无所谓

36. 平时生活中，是否愿意为环保做力所能及的事情？

    A. 愿意   B. 基本愿意   C. 不愿意   D. 不是太麻烦，就可以

37. 在平时生活中，愿意为环保做力所能及的事情中，您认为以下要素最重要的是？

    A. 方便简单，不复杂   B. 费用问题   C. 无论什么都愿意

38. 您最希望得到生活污水对环境污染方面的控制措施采用的方式？

    A. 编制并发放指导手册   B. 专题知识讲座   C. 做知识的普及教育

39. 关于控制生活污水环境污染的措施与建议：

    （1）

    （2）

调查结果整理与分析：

采用发放"调查表"的形式对雅浦村生活污水污染控制进行随机调查，本次调查共发放调查问卷 30 份，收回有效表格 30 份，回收率为 100%。调查结果分析：

a）雅浦村生活用水主要采用自来水与井水相结合的方式，31.6% 调查人员家里平均每月用水量为 5 ～ 10t，47.4% 调查人员认为家里每月的用水量不多不少，而 42.1% 调查人员认为有点多。

b）尽管 100% 的调查人员认为节水在农村是值得提倡的，但是 68.4% 调查人员家里没有安装节水龙头或节水器具。

c）水的重复利用率比较低。68.4% 调查人员将洗完菜后的水直接倒掉，仅 10.5% 调查人员表示会重复利用；94.7% 调查人员直接将洗完衣服后的水排掉，没有重复利用；

63.2%调查人员表示没有将洗衣、洗菜等生活污水用来冲厕所和拖地的习惯，而52.6%调查人员表示有用淘米水、洗菜水浇花的习惯。

d）调查人员具有较好的节水意识。100%调查人员没有洗脸、刷牙时不关水龙头的习惯；而且，当看到水龙头没关紧时，100%调查人员会选择马上关紧，同时，当看见家庭成员有浪费水时，84.2%调查人员表示会提醒或劝阻他（她）。

e）生活污水得到较好处理。100%调查人员家里建设了化粪池，而且68.4%调查人员家里的生活污水接管到村污水处理站处理达标后排放，只有31.6%调查人员家里生活污水是直接排放的。

②设计治理措施和方案

调查分析之后，四个工作组分别开展与雅浦村内相关利益群体磋商活动，听取广大村民的建议，商讨减少、杜绝污染的战略对策和具体行动措施，并排列优先顺序，作为治理项目公众参与的行动指南。社区磋商小组针对雅浦村面源污染控制方面存在的主要问题，制订相应的对策和措施，提出村民公约草稿，并且还制订了常州项目活动计划及关键节点、成果产出等。

该阶段的重大成果之一就是制作了《雅浦村公众参与社会环境影响评价与流域水污染控制宣传手册》，该手册主要包括五章内容。第一章，公众参与概况，包括公众参与的基本概念、公众参与的流程、建设项目生命周期中公众参与的内容与方法、社会影响评估中的公众参与；第二章，生活污水污染控制，包括生活污水处理概况、村民参与雅浦村生活污水污染控制；第三章，水产养殖业污染控制，包括水产养殖业污染概况、雅浦村村民参与水产养殖业污染控制；第四章，农村垃圾污染控制，包括农村垃圾污染概况、雅浦村村民参与生活垃圾污染控制；第五章，农业面源污染控制，包括农业面源污染概况、雅浦村村民参与种植业面源污染控制。

③治理项目的实施

首先将《雅浦村公众参与社会环境影响评价与流域水污染控制宣传手册》制订手册，进行广泛的宣传，设计制作了宣传海报、通过散发小册子的形式进行宣传，提高社区居民的环境意识，并呼吁村民开始行动起来。

各个小组按照行动指南开展工作，将制定的控制面源的方法运用于实际生产和生活当中。例如在水产养殖方面，养殖者分别从源头控制、过程控制、末端控制、综合管理方面进行污染控制；在农村垃圾控制方面，在生产和生活中注意减少垃圾的产生，实施回收利用等方法控制垃圾污染；在生活污水控制方面，居民提高对生活污水处理的意识，注重降低生活污水污染负荷，并采取有效的节水措施，提高污水再生水利用率，降低生活污水排放的增长速度；在农业种植方面，村民在种植柑橘过程中积极开展农药和化肥减施，将稻草覆盖在柑橘根部，保湿、保肥、保暖，并积极参与农业结构调整，多种旱地作物。

> **阅读资料**
>
> ### 常州雅浦社区水产养殖控制措施
>
> **1. 源头控制污染，增加饵料的利用率**
>
> 针对养殖种类的消化道特点，有针对性地开发消化率高的饵料。比如甲鱼的饲料，无论是品牌饲料还是自配饲料，其所含各类大分子营养物质必须在通过甲鱼消化道的有限时间内、在消化道内的特定温度和酸碱度条件下，被其自身所分泌的各类大分子水解酶降解成小分子，才可能被吸收利用。如果内源酶的种类与饲料中大分子营养物质的类型不符，或内源酶的活力不足，都会造成消化不彻底、饲料系数偏高，进而导致资源浪费、经济效益偏低。甲鱼对蛋白质的需要量较高，如能针对其消化生理特点和营养要求，在饲料中添加适当的外源性蛋白酶，就可以补充内源蛋白酶的不足，提高蛋白质的消化吸收率，降低饲料系数，减轻水体污染，提高经济效益。
>
> **2. 过程控制污染，改善养殖模式**
>
> 改善养殖模式，对传统养殖技术改革创新，形成多物种共存的生态养殖模式，并辅以生物操纵技术、水质调控技术、天然能源驱动技术；比较研究不同养殖模式和类别下营养物质周转代谢，筛选饵料利用率最高、污染物排放量最小、产量最大的最优组合并确定各自最优的生物量，构建新型的生态配置模式；对现有的养殖模式、技术和养殖污染等进行调查，并提出合理的调整和技术改造措施，确定以养殖对象为主体的多种水生生物合理配置的时间空间组合，形成养殖水域和尾水处置水域的合理组合。从技术手段上节约能源，减少污染物排放，提高综合生态效益。
>
> **3. 末端控制污染，进行养殖尾水的处理和综合利用**
>
> 加强对养殖水环境的监测监控，提出水产养殖的水污染控制策略，并建立基于生态工程理念的尾水净化和综合利用模式，建立可持续的水环境内循环体系。
>
> **4. 加强水产养殖业的综合管理**
>
> 我国水产养殖业存在组织和管理水平较低，缺乏相应的对国外反倾销、反补贴以及所谓紧急限制进口措施的能力和机制，和国际接轨程度较低的问题。水产养殖业综合管理体系要实现的目标是水产养殖业的生态化和绿色化。生态化养殖是一项复杂的系统工程，涉及生物安全、清洁生产、生态设计、物质循环、资源的高效利用、粪污无害化处理和食品安全等多个领域，是养殖技术、生物技术、生态技术、环保技术等多项技术的整合。

④实施中的监控

社区磋商小组对整个实施过程的细节、公众的行为进行监督和控制，从而实现对每一个环节都进行了十分有效的管理。社区磋商小组成员记录每一活动开始和结束时间及完成程度，并将各活动的完成程度与计划对比，确定整个项目的完成程度。对实施过程中出现的突发情况，都进行了妥善处理，例如随时解答公众的问题，指导实施，难以解决的及时向专家求解。这些监控活动保证了项目的顺利开展。

⑤评估

对治理措施和方案进行评估。首先采取问卷调查和访谈的形式对村民的环境意识和行为进行调查，再通过科学的方法对问卷进行分析，研究村民行为的改善，形成调查报告。然后采取现场踏勘和环境监测的方式分析相关措施实行后对污染控制的效果。

向社区公众公布评估结果。2011 年 3 月底，在征求雅浦村 CCG 成员建议和意见的基础上，雅浦村 CCG 对农业面源、水产养殖、生活污水和生活垃圾污染控制公众参与行为手册进行了修改，向雅浦村村民分发项目研究成果，制作了宣传展板，进行公开展示。

⑥运行和推广

雅浦村的公众参与项目取得了十分丰厚的成果，并将本村获得的成功经验和做法向雪堰镇的其他 25 个村进行推广，向其他村的村民发放宣传手册和工作成果手册达一万多份。

（3）成效

雅浦社区磋商小组是根据当地管理现状，与已有的社区管理体制结合而建立起的社区参与模式。它所开展的活动是基于村民的日常生活与生产相结合的，所开展的农业面源——柑橘、水产养殖、生活污水和生活垃圾 4 个项目，都紧紧与雅浦村居民的生活、生产行为密切相关，居民有一定的知识基础，具有较高的积极性，也易于为公众所接受，从而能积极参与进来。

雅浦社区磋商小组引导公众积极参与，公众的参与意识和日常生产生活行为得到显著改善，起到了很好的效果：提升了雅浦村村民的公众参与环境管理意识和参与能力；提高了雅浦村 CCG 成员环境意识和组织开展社区公众参与的能力；通过社区公众自主讨论协商形成雅浦村《水产养殖污染控制行为手册》、《农业面源污染控制行为手册》、《生活污水污染控制行为手册》、《生活垃圾污染控制行为手册》，并向其他社区公众广泛宣传；雅浦村居民在垃圾、生活污水、水产养殖、农业面源污染控制方面得到了改进；探索出基于社区参与模式的公众参与程序与方法，促进了新农村的建设。

7.5.2 澳大利亚水印项目

（1）概述

水是人类赖以生存的基本资源，随着人口的增长和经济的发展，淡水资源的需求量不断增加，在世界范围内，缺水问题日益突出，已成社会经济发展的主要制约因素。澳大利亚是世界上水资源丰富的国家之一，但是却有一些地区严重缺水，很多城市面临着缺乏洁净的淡水资源的危机。澳大利亚水印项目（The Watermark Australia Project）是由维多利亚州的妇女信任（Women's Trust）组织设计、组织和管理的一个项目，旨在：提高水资源利用效率，普及和提高公众对水的认识，为公众提供一个贡献自己对于水的使用和管理的想法的渠道，影响公众使用水资源的行为，提升水资源管理使之成为澳大利亚各级政府的政策重点，为澳大利亚和国际社会提供可供借鉴的公众参与水资源管理的程序。自 2001 年实施到现在，澳大利亚水印项目已经获得了极大的公众关注，并在提高水资源利用效率方面取得了十分丰硕的成果。

（2）过程与方法

1）成立工作小组

澳大利亚水印项目是在 2001 年由维多利亚妇女信任组织发起和领导的，维多利亚州的妇女信任组织是一个公众组织，活动的经费全部来自个人捐赠。工作小组成员有：玛丽（Mary Crooks）、Dr. Wayne Chamley、Liz Mcaloon，其中玛丽（Mary Crooks）是维多利亚妇女信任组织的首席主席，Dr. Wayne Chamley 有着多年的环境研究和政策研究的经验，Liz Mcaloon 主要负责水印项目的管理和公众环境教育。

此外，水印项目还扩大至整个澳大利亚，形成了全澳大利亚水印项目组，同时还包括很多的科学家和专家，给项目提供强大的技术支持（图 7-5）。

该工作小组对公众参与进行自主管理，为公众提供足够的技术、人力、资金支持，确保项目能达到预定的目标。

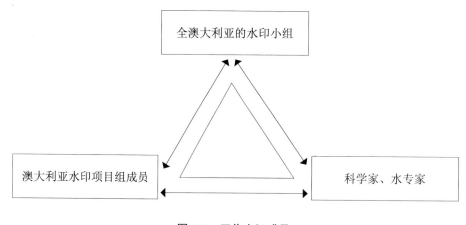

图 7-5　工作小组成员

2）设立明确的目标

在水印项目中，他们的目标主要包括：

①通过调研来了解水资源的现状；

②通过调研来了解公众对水资源使用的认识；

③通过宣传和培训活动来普及和提高公众对水的认识；

④为公众提供一个贡献自己对于水的使用和管理的想法的渠道；

⑤影响公众使用水资源的行为，提高水资源利用效率；

⑥提升水资源管理使之成为澳大利亚各级政府的政策重点；

⑦为澳大利亚和国际社会提供可供借鉴的公众参与水资源管理的程序。

3）问题诊断与分析

①首先进行区域水资源使用现状分析。根据地区统计资料和调查获得基本的信息资料，并使用情景分析法，预测如果按照当前的水资源使用做法，水资源将还有多少剩余量，最终形成了一份完整的调查报告。

②进行相关利益群体的识别和利益取向分析。水印项目组认识到公众的节水意识是提高水资源利用效率的关键，只有当公众都认识到水资源短缺的现状及后果、节水的目的及意义，从自身做起，节约每一滴水，节水工作才有顺利开展的基础。所以应当让公众认识到他们的力量，并让个人、社区、企业积极参与并充分发挥作用。首先，水印项目组进行公众调查以了解公众对水资源的认识，并为水印项目提供维多利亚州公众的"水文化"的基本信息。2005 年 3 月，水印项目组对维多利亚州的 1 000 位公众进行了电话调查，调查结果显示：绝大多数的公众不知道他们在家里使用的淡水来自哪里，18—24 周岁的年轻人对于水资源的认知不如年龄大的人，仅仅有 1/3 的受访公众认为农业用水是用水量中最高的，而大部分受访公众认为家庭生活用水量、工业用水量、农业用水量三者相当，大部分公众了解水的利用效率，但不知道如何提高水的利用效率。

4）设计措施和方案

在设计解决方案时，水印项目组采取了公众磋商的方式，并邀请相关的专家参与讨论。水印项目组在高效开展公众讨论方面做得十分突出，如在讨论开始前给讨论成员发放相关材料并告知讨论的主要内容，在磋商过程中重点放在：讨论了什么问题，主要学到了哪些知识，公众的知识在哪些方面受到了挑战，磋商遇到了哪些难题，公众对科学家和专家有哪些问题和建议，公众和专家对资料有哪些意见。

根据与公众磋商和详细地分析，确定提高水资源利用效率的方案主要可分为三个方面：监测水的使用（monitor）、减少水的使用量（reduce）、重复使用（reuse），并从工业、农业、家庭三个方面具体提出了提高水资源使用效率的措施和方案。对于公众来说，每个人都可以采取以下方式来提高水资源利用效率：

①识别每一项用水环节；

②识别所使用的水的来源；

③测量或估算每一个用水环节所使用的水量；

④设计一个提高水的利用效率的计划或方案，自己遵守，并鼓励其他人也能按照其执行。

对于企业来说，企业可以通过先进的节水技术、中水回用技术和雨水洁净技术等来提高水的利用效率。例如：Yatala Brewery Queensland 采用先进的节水技术和中水回用技术，减少了 60% 的用水量，同时也减少了废水的产生量；新南威尔斯的瑞奇蒙德（Richmond Water Reuse Project New South Wales）就采用了雨水净化设施，净化后的水可以供周围的学校使用，进行浇灌、洗刷等。

5）实施

按照已经设计好的治理措施和方案，发动公众、社区、企业实施，墨尔本 Northcote 区 Union 街的水印小组与所有居民沟通，60 户居民签字保证接受水审计并改装节水设备。同时充分利用媒体资源扩大影响力，让更多的公众参与到该项目中来，例如项目组通过在报纸上发表文章、在社区张贴海报、在互联网上建立专门的水印项目的网站、BBS 等方式扩大影响力，于是该项目得到了广泛的公众响应。

6）推广

澳大利亚水印项目充分利用媒体进行宣传并推广，并利用长达 12 个月的过程完成了项目的总结报告——《我们的水印》（Our Water Mark），自发行以来已流通超过 36 000 本，进入政府、企业和公众的手中。《我们的水印》还是墨尔本大学和 RMIT 大学环境学科的主要参考书，澳大利亚一家清洁公司把 200 本发给他们的客户经理要求他们提高用水效率，维多利亚州消防局 150 个办公室将《我们的水印》用于它们的绿色办公室项目，《我们的水印》成为提高水资源利用效率方面十分重要的资料。

此外，根据项目的成果积极向政府建言献策，推动民主化进程。2008 年 5 月 8 日，澳大利亚水印项目组写信给澳大利亚环境和气候变化部长 Mr.Gavin Jennings MLC，提交了一份水印项目的维多利亚州政府的绿色报告；2008 年 7 月 11 日，澳大利亚水印项目组写信给澳大利亚环境和气候变化部长，说明在水资源可持续评估报告中缺乏民主程序；2008 年 11 月，水印项目组参加澳大利亚的环境和自然资源委员会的听证会，积极发表看法和建议。

在该项目中，工作小组采取了一系列的社会学方法，从而能够避免单一的方法所存在的缺陷。例如：问卷调查、访谈调查、座谈会、参与听证、专家咨询、网络参与等多种方式，取得了很好的效果。

（3）成效

澳大利亚水印项目在提高水资源利用效率方面做出了十分丰硕的成果，该项目在实施过程中充分发动公众的参与，在普及和提高公众对水的认识方面作出重要的贡献，其发行的《我们的水印》为社会各界提供了可供借鉴的提高水资源使用效率的方法，影响公众的使用水资源的行为，提高水资源利用效率。此外，该项目还为澳大利亚和国际社会提供可供借鉴的公众参与水资源管理的程序。最为关键的是，该项目使人们认识到：

每一个人——无论其位置、行业或居住地点——都可以改善自己的用水行为、提高水的利用效率，从而为澳大利亚成为高效的用水国作出十分重要的贡献。

参考文献

［1］王周户. 公众参与的理论与实践 [M]. 北京：法律出版社，2011.

［2］中央编译局比较政治与经济研究中心，北京大学中国政府创新研究中心. 公众参与手册：
参与改变命运 [M]. 北京：社会科学文献出版社，2009.

［3］李艳芳. 美国的环境影响评价公众参与制度 [J]. 环境保护，2002，10：33-34.

［4］郑铭. 环境影响评价导论 [M]. 北京：化学工业出版社，2003.

［5］李清龙，张焕祯，王路光等. 环境影响评价中公众参与现状、问题及对策 [J]. 河北科技
大学学报，2004，25（1）：82-84，88.

［6］陈梅，钱新. 公众参与流域水污染控制的机制研究 [J]. 环境科学与管理，2010，35（2）：
6-8.

［7］Arnstein S R. A ladder of citizen participation. Journal of the Royal Town Planning Institute，
1969，35（4）：216-224.

［8］严利华. 新媒介与中国公民参与 [D]. 武汉：武汉大学，2010.

［9］李环. 流域管理中的公众参与机制探讨 [J]. 环境科学与管理，2006，31（5）：4-6.

［10］吕同舟，黄伟，钟婷. 公众参与问题的研究综述 [J]. 管理观察，2009（6）：42-44.

［11］柴西龙，孔令辉，海热提·涂尔逊. 建设项目环境影响评价公众参与模式研究 [J]. 中
国人口·资源与环境，2005，15（6）：118-121.

［12］李丹，黄德忠. 流域管理中的公众参与机制 [J]. 水资源保护，2005，21（4）：63-66.

［13］丁宗凯，洪少贤，董世魁，等. 淮河/太湖流域水污染防治监管机制的公众调查研究 [J].
环境保护科学，2007，33（6）：97-99.

［14］周珂，王小龙. 环境影响评价制度中的公众参与 [J]. 甘肃政法学院学报，2004（3）：
74，63-67.

［15］唐晶，王秀霞. 美国政府信息公开法及其对我国的启示 [J]. 山东档案，2008（6）：62-
64.

［16］美国. 国家环境政策法 [Z].1969.

［17］徐祥民，于铭. 美国水污染控制法的调控机制 [J]. 环境保护，2005（12）：76-79.

［18］肖剑鸣．比较环境法 [M].北京：中国检察出版社，2002.

［19］赵国青．外国环境法选编 [M].北京：中国政法大学出版社，2000.

［20］胡述范，田志娟．流域管理：公众参与十分重要——澳大利亚驻华大使芮捷锐、墨累-达令河流域主席 Michael Taylor 专访 [EB/OL].（2009-10-26）[2012-02-01]. http：//www.yrcc.gov.cn/zhuanti/gjlt4/gdfw/200910/t20091024_67624.htm.

［21］那力．论环境事务中的公众权利 [J].法制与社会发展，2002（2）：101-106.

［22］高金龙，徐丽媛．中外公众参与环境保护的立法比较 [J].江西社会科学，2004. 3：252.

［23］Sinclair，A J，Diduck A P. Public involvement in EA in Canada：a transformative learning perspective[J]. Environmental Impact Assessment Review，2001，21（2）：113-136.

［24］蔡守秋．论环境保护社会团体和公众参与环境保护 [J].中国环境管理，1997（3）：6-9.

［25］侯吉侠．可持续发展与环境教育 [J].烟台大学学报（哲学社会科学版），1999（3）：26-31.

［26］Department of Sustainabililityand Environment，Australia. Book 1 an introduction to engagement. State of Victoria：The community Engagement Network. 2005.

［27］上海方环境保护局．关于开展环境影响评价公众参与活动的指导意见 [Z].2008-11-27.

［28］宋国君，黎思亮．论中国环境影响评价中公众参与的一般模式 [J].环境污染与防治，2006，28（4）：283-287.

［29］河北科技大学文法学院．环境影响评价听证程序实效性问题研究 [J].河北师范大学学报，2008，31（6）：43-46.

［30］许伶．宜兴市农村生活污水创新生态疗法 [EB/OL].（2009-9-11）[2012-02-01].http：//wuxi.people.com.cn/GB/10038002.html.

［31］李天宇．环保 NGO："配角"转向"主角" [J].记者观察，2007（12）：36-41.

［32］国家环保总局．中国环保民间组织现状调查报告.学会，2007，220（3）：23-28.

［33］李学梅．发挥环境 NGOs 在公众参与环境影响评价中的作用J.科技管理研究，2007（8）：52-53.

［34］杨建中，王桂琴．发展农民用水者协会的思考 [J].北方经济，2007（11）：93-94.

［35］张阳，周申蓓．我国水能开发协商治理特征研究——以怒江水能开发为例 [J].求索，2007（5）：42-46.

［36］竺乾威．地方政府决策与公众参与——以怒江大坝建设为例 [J].江苏行政学院学报，2007（4）：86-92.

［37］"十五"重大科技专项国家高技术研究发展计划（"863"计划）——"太湖水污染控制与水体修复技术及工程示范项目"子课题"河网区面源污染控制成套技术"，技术

报告，2006.

[38] 王晓平. 对中国小流域治理管理模式的探索 [J]. 中国水利，2007（24）：50-53.

[39] 高玉娟，张儒. 公众参与环境保护调查问卷剖析 [J]. 商业经济，2009（4）：324-326.

[40] 陈晓侠. 城镇居民环保公众参与意识的调查与思考 [J]. 环境与可持续发展，2008（2）：51-53.

[41] 中华环保联合会. 中国环保民间组织发展状况蓝皮书 [R]. 2006.

[42] 非政府组织 [EB/OL].[2012-02-01]. http：//baike.baidu.com/view/78357.html？ tp=5_01.

[43] 葛俊杰，王仕，袁增伟，等. 社区环境圆桌会议：公众参与的创新模式 [J]. 南京大学学报，2007，43（4）：404-409.

[44] Li Fugui，Xiong Bing，Xu Bing. Improving public access to environmental information in China[J]. Journal of Environmental Management，2008（88），1649-1656.

[45] 汤蕴懿. 中国需要怎样的环保 NGO[J]. 环境保护（观察与思考），2011，（Z1）：32-34.

[46] 袁文峰. 圆明园整治工程环境影响评估中的公众参与形式探析 [J]. 湖南社会科学，2007（6）：195-200.

[47] 秦轩. 圆明园听证会：突然到来的机会 [J]. 中国新闻周刊，2006，1（2）：32-34.

[48] 新华网. 圆明园湖底防渗工程公众听证会新华网文字实录 [EB/OL].（2005-4-14）[2012-02-01]. http：//www.sepa.gov.cn/ztbd/rdzl/ymyfcgc/mtbd/200504/t20050414_65921.htm.

[49] 刘树坤. 对圆明园防渗工程争论的再思考 [J]. 水利水电技术，2006，2（37）：34-37，41.

[50] 刘璇，吴从越. 浦东新区城乡规划编制与公众参与的和谐发展模式初探 [J]. 规划师，2008，（S1）：54-56.

[51] 澳大利亚水印项目. http：//vwt.org.au/watermark/real_water_efficiency.html.

[52] 陈振宇. 城市规划中的公众参与程序研究 [D]. 上海：上海交通大学，2010.